园林绿化工程施工管理
与养护技术

李静　江天佑　杨惠淳　著

延吉·延边大学出版社

图书在版编目（CIP）数据

园林绿化工程施工管理与养护技术 / 李静，江天佑，
杨惠淳著. -- 延吉：延边大学出版社，2024. 5.
ISBN 978-7-230-06683-9

Ⅰ. TU986.3；　S731

中国国家版本馆CIP数据核字第2024KN8293号

园林绿化工程施工管理与养护技术

YUANLIN LÜHUA GONGCHENG SHIGONG GUANLI YU YANGHU JISHU
——

著　　者：李静　江天佑　杨惠淳
责任编辑：朱云霞
封面设计：文合文化
出版发行：延边大学出版社
社　　址：吉林省延吉市公园路977号　　　邮　　编：133002
网　　址：http://www.ydcbs.com　　　　E-mail：ydcbs@ydcbs.com
电　　话：0433-2732435　　　　　　　传　　真：0433-2732434
印　　刷：三河市嵩川印刷有限公司
开　　本：710mm×1000mm　1/16
印　　张：11.25
字　　数：200 千字
版　　次：2024 年 5 月 第 1 版
印　　次：2024 年 5 月 第 1 次印刷
书　　号：ISBN 978-7-230-06683-9
——

定价：70.00元

编 写 成 员

著　　者：李　静　江天佑　杨惠淳
编写单位：郑州市公园广场事务中心紫荆山公园
　　　　　上海浦东新区公路建设发展有限公司
　　　　　郑州市公园广场事务中心建设管理科

前　言

　　随着城市化进程的不断推进，园林绿化工程在城市建设和生态环境保护中发挥着越来越重要的作用。施工管理与养护是确保园林绿化工程质量的关键环节，对提升城市形象、改善生态环境具有重要意义。

　　为了提高园林绿化工程施工管理与养护技术水平，相关部门需要加强对相关人员的培训，通过定期举办培训班提高施工管理人员和养护技术人员的专业素质和技术水平，使他们能够更好地掌握新技术和新方法。另外，建立完善的园林绿化工程管理制度也是必要的，包括质量管理体系的建立、安全管理制度的制定、养护标准的制定等。通过制度约束，能够更好地保障园林绿化工程的质量，促进园林绿化事业的可持续发展。

　　本书共六章：第一章主要探讨园林绿化工程施工与管理的相关内容；第二章主要介绍了园林绿化工程施工技术及管理；第三章论述了园林绿化工程施工安全管理的相关内容；第四章主要介绍了园林树木的栽植；第五章主要讲述了园林树木的养护技术；第六章主要阐述了园林绿化养护管理的相关内容。

　　《园林绿化工程施工管理与养护技术》一书共 20 万余字。该书由郑州市公园广场事务中心紫荆山公园李静、上海浦东新区公路建设发展有限公司江天佑、郑州市公园广场事务中心建设管理科杨惠淳负责撰写。其中第三章、第四章由李静负责撰写，字数 8 万余字；第五章、第六章由江天佑负责撰写，字数 6 万余字；第一章、第二章由杨惠淳负责撰写，字数 5 万余字。

在写作过程中，笔者参阅了相关文献资料，在此，谨向其作者深表谢忱。

由于水平有限，疏漏和缺点在所难免，希望得到广大读者的批评指正，并衷心希望同行不吝赐教。

笔者

2024 年 3 月

目　　录

第一章　园林绿化工程施工与管理

第一节　园林绿化工程的
定义、特点与分类

一、园林绿化工程的定义

《园林绿化工程建设管理规定》第二条指出："园林绿化工程是指新建、改建、扩建公园绿地、防护绿地、广场用地、附属绿地、区域绿地，以及对城市生态和景观影响较大建设项目的配套绿化，主要包括园林绿化植物栽植、地形整理、园林设备安装及建筑面积 300 平方米以下单层配套建筑、小品、花坛、园路、水系、驳岸、喷泉、假山、雕塑、绿地广场、园林景观桥梁等施工。"

二、园林绿化工程的特点

（一）综合性强

园林绿化工程涉及的领域极为广泛，从植物的选择、土壤的改良，到园林布局、景观设计，再到后期的维护管理，都需要园艺师、植物学家、土壤学家等专业人士的参与。此外，园林绿化工程还需要建筑工程、道路工程等多个工程的配合。园林绿化工程的综合性对设计者与施工者都提出了很高的要求，他们不仅要有丰富的专业知识，还要具备跨学科的视野和解决问题的能力。

（二）艺术性高

每一处园林、每一个小品，都是设计者匠心独运的结果，不仅要具备实用功能，更要给人以美的享受。园林绿化工程的艺术性不仅体现在整体布局上，更体现在每一个细节中，如植物的搭配、山石的摆放、水景的处理等，都需要设计者精心设计，以营造出既有自然之美又有人文之韵的美好环境。不同的文化背景、历史传统都会影响园林的风格和特色，因此，每一处园林都有其独特的魅力。

（三）自然性突出

与建筑工程不同，园林绿化工程最大的特点就是自然性突出。园林绿化工程以植物为主要材料，通过合理配置和精心养护，使植物生长繁茂，形成美丽的景观。这种自然性突出的特点使得园林绿化工程的设计者十分注重与自然的和谐共生，追求一种"虽由人作，宛自天开"的艺术效果。

为了体现自然美，园林绿化工程的设计者需要充分考虑植物的生长规律和生态习性，不仅要选择合适的植物种类，还要合理配置植物。只有遵循自然规律，才能使植物生长茂盛，达到最佳的景观效果。

（四）养护管理周期长

与一般的建筑工程相比，园林绿化工程的另一个特点是养护管理周期长。植物的生长是一个持续的过程，需要不断地进行灌溉、施肥、修剪和防治病虫害等工作。为了确保植物的健康生长和景观的持久美观，园林绿化工程的养护管理至关重要。园林绿化工程不仅需要日常维护，还需要根据季节和植物生长情况进行适时的调整。只有持续的投入和管理，才能使园林绿化工程保持良好的景观效果。

（五）受环境影响大

园林绿化工程还有一个显著的特点，即受环境影响大。气候条件、土壤类型、地形地貌等环境因素都会对园林绿化工程产生影响。气候条件会影响植物的生长和分布，土壤类型会影响植物的营养吸收和生长状况，地形地貌则会影响景观的设计和布局。

因此，在园林绿化工程的设计和施工过程中，相关人员应充分考虑环境的影响。这就要求相关人员因地制宜地进行设计和施工，选择适合当地环境的植物种类，合理利用地形地貌，以及采取适当的措施应对环境挑战。

三、园林绿化工程的分类

（一）公共绿化工程

公共绿化工程是为公众提供绿色生态环境的园林工程。这类工程一般由政府投资，旨在提高城市的环境品质和人们的生活质量。公共绿化工程主要包括公园绿化、广场绿化、街道绿化等。

公园绿化是公共绿化工程中的重要组成部分。公园为市民提供了一个集休闲、娱乐、游览于一体的绿色空间。公园绿化需要注重其使用功能、景观效果。此外，公园内的设施，如亭台、座椅等，也需要精心设计和布局，以满足市民的不同需求。

广场绿化是重要的公共绿化工程。广场是开放的公共空间，用于集会、庆典等活动。广场的设计需要注重空间感和视觉效果，同时还需要考虑人流的组织和交通的疏导；通过合理的植物配置和景观设计，为市民营造舒适、宜人的休闲环境。

街道绿化也是公共绿化工程的一部分，对改善城市环境、提升城市形象具有重要作用。街道绿化需要考虑行道树的种植、绿带的设置以及景观的打造等。

（二）居住区绿化工程

居住区绿化工程是为居民提供良好的居住环境而实施的园林工程。这类工程一般由房地产开发商投资，旨在提高居住区的环境品质和居民的生活质量。居住区绿化工程主要包括小区绿化、宅间绿化等。

小区绿地为居民提供了一个集休闲、娱乐于一体的绿色空间。小区绿化需要注重景观效果和使用功能，同时还需要考虑植物种类的选择和后期养护管理的便利性。

宅间绿地是居住区内每栋住宅之间的绿地，为居民提供了一个安静、舒适的休闲空间。宅间绿化需要注重景观效果的营造，同时还需要考虑植物的生长规律和后期养护管理的便利性。

（三）单位附属绿化工程

单位附属绿化工程是指隶属于某个单位，为其提供绿化服务的园林工程。这类工程一般由企事业单位投资，旨在提高单位环境品质、满足人员的休闲需求。单位附属绿化工程主要包括校园绿化、医院绿化、工厂绿化等。

校园绿地是用于美化校园，为师生提供学习、休息环境的绿地。校园绿化需要注重营造宁静、清新的氛围，预留足够的户外学习空间，满足学生和教职工的学习和休闲需求。

医院绿地是为患者和医护人员提供舒适、宁静环境的绿地。医院绿化需要注重营造轻松、祥和的氛围，以缓解患者的焦虑情绪和医护人员的工作压力。

工厂绿地是改善工厂环境的绿地。工厂绿化需要注重选择抗污染、净化空气的植物，同时也要注重营造宜人的工作环境，以提高员工的生产积极性和工作效率。

（四）生产绿化工程

生产绿化工程是指以生产绿化植物为主要目的的园林工程。这类工程一般由农业、林业等部门投资，旨在通过大规模种植绿化植物满足市场需求、提高经济效益。生产绿化工程主要包括苗圃、花圃、草圃等的建设。

苗圃是通过培育各种苗木满足市场需求的园林工程。苗圃的建设需要注重苗木品种的选择以及育苗技术的使用。

花圃是通过种植各种花卉满足市场需求的园林工程。花圃的建设需要注重花卉品种的选择以及种植技术的使用。

草圃是通过种植草皮满足市场需求的园林工程。草圃的建设需要注重植物品种的选择以及种植技术的使用。

（五）防护绿化工程

防护绿化工程是指为了满足减少污染、防止风尘、为社会提供生态安全保障等需要而建设的园林工程。防护绿化工程主要包括防风林、隔音绿地、卫生防护带等的建设。

防风林主要用于防止风害侵袭。在城市规划中，合理设置防风林可以有效降低风速，减少风害的影响。建设防风林时，需要选择适合当地气候和土壤条件的树种，并进行合理的养护管理。

隔音绿地主要用于减少噪声污染。隔音绿地可以有效地隔绝噪声，改善居民的生活环境。建设隔音绿地时，需要选择对噪声隔绝效果较好的植物，并进行合理的养护管理。同时，还需要结合其他降噪措施，如建设隔音墙等，以达到更好的降噪效果。

卫生防护带主要用于减少污染、防止疾病传播等。卫生防护带可以有效地阻隔污染源，减缓污染物的扩散速度。同时，卫生防护带还可以作为紧急避难场所，为居民提供安全保障。建设卫生防护带时，需要选择适合当地气候和土壤条件的植物，并进行合理的养护管理。

（六）生态恢复绿化工程

生态恢复绿化工程是指通过绿化手段恢复受损生态系统功能的园林工程。这类工程的主要目的是改善生态环境、保护生物多样性等。生态恢复绿化工程主要包括生态公园、湿地公园、自然保护区等的建设。

生态公园主要是通过模拟自然生态系统，保护生物多样性。生态公园的建设需要充分考虑当地生态环境和生物多样性，通过合理的植物配置和景观设计，营造出自然生态系统所需的生态环境。

湿地公园主要用于保护湿地生态系统。湿地生态系统是地球上重要的生态系统之一，具有调节气候、净化水质等多种功能。湿地公园的建设需要充分考虑湿地的生态环境，通过合理的植物配置和景观设计，营造出湿地生态系统所需的生态环境。

自然保护区主要用于保护自然生态系统、保护野生动植物种群等。建立自然保护区是保护自然资源的重要手段之一。自然保护区可以为科研、教育等活动提供支持。

第二节　园林绿化工程施工的
流程与原则

园林绿化工程施工是在规划设计之后，为使设计意图得以实现而开展的具体工作。园林绿化工程施工的主要依据是规划图和种植设计图。绿地属于城市建设用地，所以绿地系统的规划必须符合城市规划的要求；种植设计图则是园林植物造景的依据。因此，施工前必须熟悉设计图纸和有关文件。

园林绿化工程是以植物栽植工作为基本内容的环境建设工程，它的对象是有生命的植物。园林绿化工程施工是指将植物作为基本的建设材料，按照绿化设计进行具体的植物栽植和造景。

园林绿化工程施工单位只有掌握植物的栽植季节要求、植物的生态习性、植物与土壤的关系，以及与栽植成活相关的原理与技术，才能按照绿化设计要求进行具体的植物栽植与造景，使各植物尽早发挥绿化效果。

一、园林绿化工程施工的流程

（一）项目立项与规划

在园林绿化工程施工的起始阶段，首要任务是项目立项与规划。这一阶段主要是明确项目的目标、范围和预期成果，为后续工作提供指导。

1.目标

根据项目的性质和需求，设定园林绿化工程的目标。目标可能包括提高绿化覆盖率、改善生态环境、提供休闲空间等。

2.范围

在明确目标的基础上，界定项目的范围。这包括确定需要绿化的区域、涉及的植物种类、工程量等内容。准确界定园林绿化工程的范围有助于合理分配资源，避免浪费。

3.预期成果

根据目标和范围，设定项目的预期成果，包括预期的绿化效果、生态效益、社会效益等。设定预期成果有助于对项目进行全面的评估，确保项目的可行性和合理性。

（二）设计

设计是园林绿化工程施工的关键部分，它决定了整个项目的视觉效果和功能。设计主要包括整体设计和详细设计两部分。

1.整体设计

整体设计是对园林绿化工程进行整体的规划和构思。在这一阶段，设计师根据项目的要求，考虑地形、气候、土壤等因素，选择合适的植物种类和配置方式。同时，设计师还需考虑人们的活动习惯，以满足人们的使用需求。整体设计的目标是创造一个和谐、美观、功能齐全的绿化环境。

2.详细设计

详细设计是在整体设计的基础上，对园林绿化工程的各个部分进行具体的设计，包括灌溉系统设计、景观小品设计等。详细设计需要考虑到每个细节，确保设计的可行性和实用性。同时，还要考虑到施工的难度和成本，以确保工程顺利进行。

（三）施工准备

施工准备是园林绿化工程施工的重要环节，主要包括材料采购、现场勘查和施工组织设计等。

1.材料采购

根据设计阶段确定的植物种类、数量和规格采购材料。采购时，不仅要考虑采购的成本，还要与供应商建立良好的合作关系，以确保及时、稳定的材料供应。

2.现场勘查

在施工前，项目人员应对园林绿化工程的建设场地进行现场勘查，了解现场的实际情况，包括地形的起伏、土壤的性质、水源的分布等。这些因素都会影响施工的难度和效果，因此，对其进行了解有助于更好地进行施工组织设计。

3.施工组织设计

施工组织设计包括确定施工队伍、制订施工计划、配置机械设备等。根据园林绿化工程的特点和要求进行合理的施工组织设计，能够提高施工效率、确保施工质量。

（四）施工

施工的内容主要包括按照设计图纸施工、遵循施工规范、注重质量与安全管理，以确保园林绿化工程的质量。

1.按照设计图纸施工

设计图纸是施工的重要依据。施工人员应仔细研读设计图纸，充分理解设计意图，严格按照设计图纸施工。若在施工过程中遇到问题，应及时与设计单位沟通，确保实现设计目标。

2.遵循施工规范

在施工过程中，施工人员应遵循相关的施工规范，确保工程质量；植物的种植、灌溉系统的设置、景观小品的安装等都需要按照相应的操作规程进行；相关人员要加强对施工现场的管理，确保各项施工规范得到有效执行。

3.注重质量与安全管理

在施工过程中，应注重质量与安全管理：一方面，要对每一道工序进行质量检查，确保符合要求；另一方面，要加强对施工现场的安全管理，预防安全事故的发生。此外，还要建立健全质量与安全管理制度，提高施工人员的安全意识。

（五）验收与交付

在施工完成后，应进行工程验收。验收应按照相关标准和规范进行，确保工程质量达到预期目标。验收合格后，应进行交付。

验收与交付指的是对完成的园林绿化工程进行质量检查和评估，确保工程符合设计要求，然后将其交付给业主或运营方。

1.质量检查

工程完工后，应对其进行全面的质量检查。质量检查应由专业人员或第三方机构执行，以确保质量检查结果客观、公正。

2.评估与整改

根据质量检查结果，对园林绿化工程进行评估。对不符合要求的部分，检查人员提出整改意见，项目负责人组织人员进行整改。整改完成后，再次进行质量检查，确保达到预期效果。

3.交付使用

经过质量检查和评估，确认园林绿化工程合格后，项目负责人将其交付给业主或运营方。

（六）后期养护与管理

1.制订养护计划

根据园林绿化工程的特点和要求，制订详细的养护计划。养护计划应包括植物的修剪、灌溉、施肥、病虫害防治等方面。合理的养护计划能够确保植物健康生长。

2.定期养护

按照养护计划，定期对植物进行修剪、灌溉、施肥等养护工作。同时，还要定期检查植物的生长状况，及时发现并处理病虫害。定期养护能够保证植物正常生长。

3.监测与评估

在后期养护与管理过程中，应对植物的生长状况、绿化效果等进行监测和评估。通过监测和评估，及时发现并解决存在的问题，不断优化养护和管理措施，提高园林绿化工程的管理水平。

二、园林绿化工程施工的原则

（一）生态优先

在园林绿化工程施工过程中，生态优先原则占据着至关重要的地位。随着社会的发展和人们生活水平的提高，环境问题日益受到关注。园林绿化工程作为改善城市环境、提高生态质量的重要手段，更应将生态优先原则贯穿始终。

首先，保护植物的生长环境是生态优先原则的核心内容。植物是园林绿化工程的基本元素，它们生长质量的高低直接影响整个园林绿化效果的好坏。为了给植物提供良好的生长环境，必须充分了解植物的生长习性。同时，要合理配置植物种类，使乔木、灌木、地被植物等形成稳定的群落结构，从而提高生态系统的稳定性。

其次，保护生物多样性是生态优先原则的重要体现。在园林绿化工程施工过程中，应尊重自然环境，减少对原有生态系统的破坏；合理利用土地资源，避免过度开发。这样不仅能丰富园林的景观效果，还能提高生态环境的质量。

最后，生态优先原则要求在园林绿化工程施工过程中注重节能减排。合理利用水资源，采取节水灌溉措施；选择环保型的施工材料，减少对环境的污染；优化施工组织设计，降低资源消耗。这一系列节能减排措施能够进一步凸显生态优先的原则，为创造美好的生态环境作贡献。

（二）以人为本

随着社会的发展，人们对绿化环境的需求越来越高。园林绿化的目的不仅是绿化环境，更是为人们提供宜人的休闲空间。因此，在园林绿化工程施工过程中贯彻以人为本原则至关重要。

首先，以人为本原则要求设计师充分了解人们的需求和喜好。在园林绿化工程的设计阶段，设计师应通过调查和研究，深入了解目标人群的特点和需求。

例如，老年人需要安静、阴凉的地方休息，儿童需要亲近自然的活动空间。

其次，以人为本原则要求注重细节设计和人性化设施的安排。在施工过程中，应关注道路、座椅、照明等方面的设计，使其符合人体工学和无障碍设计的要求。同时，应结合地域文化特色和历史背景，营造具有文化内涵的绿化景观，让人们在休闲放松的同时接受文化熏陶。

最后，以人为本原则还要求注重对特殊人群的关怀。在园林绿化工程施工过程中，应充分考虑残疾人、老年人等特殊人群的需求，设置无障碍通道。这不仅能体现社会的人文关怀，还能提高整个社会的和谐度。

（三）因地制宜

在园林绿化工程施工过程中，因地制宜原则同样占据着重要的地位。由于各地的土壤条件、气候条件存在差异，为了确保园林绿化工程的效果，必须根据实际情况进行设计。

首先，因地制宜原则要求深入了解当地的土壤条件。土壤的酸碱度、水分含量、肥力等都是影响植物生长的关键因素。在施工过程中，施工人员应通过对土壤进行测试和分析，了解土壤的特性，以便选择适宜生长的植物种类。同时，施工人员应合理利用地形地貌，创造独特的绿化景观。

其次，因地制宜原则要求充分考虑气候条件。不同地区的降雨量、光照时长和气温变化等有所不同，这些因素直接影响植物的生长。因此，在选择植物时，应考虑其耐寒性、耐旱性、抗风性。另外，合理安排施工时间也是因地制宜原则的体现。例如，有些地区春季和秋季是最佳的绿化施工季节，有些地区夏季和冬季是最佳的绿化施工季节。

最后，因地制宜原则要求保护环境。在施工过程中，应尽量减少对原地貌的破坏，保护原有的生态系统；合理利用施工材料和水资源，避免浪费和污染；落实环境保护措施，实现绿化工程与自然环境的和谐共存。

（四）突出艺术性

在园林绿化工程施工过程中，艺术性原则是不可或缺的一个原则。园林绿化工程不仅是种植植物和铺装道路的过程，更是艺术创作的过程。

首先，艺术性原则要求注重景观的视觉效果。植物的配置要讲究层次感、对比度和动态变化，通过合理搭配，使整个景观显得生动而富有生机。同时，还要考虑景观与周围环境的协调性，使其融入自然环境之中，与自然环境形成一个有机整体。

其次，艺术性原则要求注重细节处理。无论是植物的造型，还是景观小品的摆放位置，都要精心设计，以达到最佳的艺术效果。此外，还要合理运用灯光、音乐等元素，为园林景观营造浓厚的艺术氛围。

最后，艺术性原则还体现在对历史文化和地域特色的挖掘上。不同地区有着独特的文化传统和地域特色，园林绿化工程应充分挖掘这些资源，将其融入景观设计。这样不仅能够丰富景观的文化内涵，还能提升整个园林绿化工程的品质。

（五）节约资源

在园林绿化工程施工过程中，节约资源是一项重要的原则。随着资源的日益紧缺和环境问题的日益突出，合理利用和节约资源已成为社会发展的必然趋势。园林绿化作为资源消耗较大的行业之一，更应积极采取措施，节约资源。

首先，节约资源原则要求合理利用土地资源。在施工过程中，应注重提高土地的利用率，合理规划布局，避免浪费。通过科学的植物配置和空间设计，发挥绿地最大的生态效益；通过保护原有植被和生态敏感区，避免过度开发，保持生态平衡。

其次，节约资源原则要求合理利用水资源。在园林绿化工程中，水资源主要用于灌溉。因此，应采用节水灌溉技术，如滴灌、喷灌等，避免水资源浪费。同时，要合理安排灌溉时间和水量，根据植物需求精准灌溉。此外，要注重对雨水的收集和利用，将雨水用于植物灌溉。

最后，节约资源原则还体现在对施工材料的选择和利用上。在园林绿化工程中，要优先选择环保、可回收的施工材料，减少对环境的污染；合理使用材料，避免浪费。

第三节 园林绿化工程施工管理的
意义与目标

一、园林绿化工程施工管理的意义

在城市化进程不断加速的背景下，园林绿化工程作为城市基础建设的重要组成部分，在提升城市形象、改善生态环境、提高居民生活质量等方面具有不可替代的作用。总的来说，园林绿化工程施工管理的意义在于确保园林绿化工程的质量、进度和安全。

首先，施工管理能够保证园林绿化工程的质量。由于园林绿化工程涉及的植物种类繁多，施工环境复杂，因此需要针对不同植物的生长特点进行科学合理的配置。通过对植物的选购、栽种、养护等各个环节进行严格把控，提高植物的成活率，从而达到预期的绿化效果。

其次，施工管理能够保证园林绿化工程的进度。园林绿化工程往往需要在有限的时间内完成，时间紧、任务重。科学的施工管理，不仅可以优化施工流程、提高施工效率，确保工程按时完成，还可以及时解决施工过程中遇到的问题，避免工期延误。

最后，施工管理能够保证园林绿化工程的安全。园林绿化工程涉及土方开挖、植物移植、灌溉系统安装等多个环节，存在一定的安全风险。通过加强对施工现场的安全监管，规范操作流程，能够预防安全事故的发生，确保施工人员的生命安全。

二、园林绿化工程施工管理的目标

园林绿化工程施工管理的目标是高效率、高质量地完成工程，满足业主的期望，取得社会效益。

（一）保证质量

质量是园林绿化工程的生命线。施工管理的核心任务就是确保园林绿化工程质量符合相关标准的规定和业主的要求。建立完善的质量管理体系，对施工过程进行全面监控，以确保每个环节的质量都能得到有效控制。

（二）满足业主的期望

业主对园林绿化工程的期望是多样的，既关注园林景观效果，也关注工程的实用性。因此，在园林绿化工程施工管理的过程中，施工方要充分了解业主的需求，积极与业主沟通，满足业主的期望。

（三）取得社会效益

园林绿化工程作为城市基础建设的一部分，其社会效益不容忽视。因此，在园林绿化工程施工管理的过程中，要确保所完成的工程能够取得社会效益，即能够给社会带来正面影响，如提升城市形象、改善生态环境、促进旅游业发展等。

第四节　园林绿化工程施工管理的
特点与内容

一、园林绿化工程施工管理的特点

园林绿化工程施工管理具有涉及面广、管理难度大、动态性强的特点。

（一）涉及面广

园林绿化工程涉及的学科非常广泛，包括植物学、园艺学、土壤学、气象学等学科，还涉及市政建设、环境保护、景观设计等领域，这就要求相关人员具备丰富的专业知识和实践经验，与多方合作，确保工程顺利完工。

（二）管理难度大

园林绿化工程施工管理的难度较大。这主要是因为园林绿化工程需要综合考虑植物的搭配、景观的布局、施工工艺的选择等多个因素。此外，园林绿化工程还需要考虑季节、气候等因素对施工的影响。因此，管理难度大。

（三）动态性强

园林绿化工程施工管理具有动态性强的特点。这是因为园林绿化工程的效果往往需要经过一段时间的养护管理才能显现出来，而植物的生长状况和环境的变化也会对园林绿化工程的效果产生影响，所以园林绿化工程施工管理需要进行动态调整。

二、园林绿化工程施工管理的内容

（一）施工计划管理

施工计划管理是园林绿化工程施工管理的首要环节，主要涉及施工进度计划和资源需求计划的制订，以确保工程按期完成。

施工进度计划的制订不仅要考虑工程规模、施工条件、技术难度、人员配备、物资供应等因素，还要结合业主对工期的要求，合理安排施工顺序和作业时间。在制订施工进度计划时，要运用科学的方法合理安排施工进度，并留有一定的调整空间。

资源需求计划的制订也是施工计划管理的重要内容。这一计划主要针对施工过程中所需的各类资源，包括人力资源、物资资源等，进行合理的调配。在制订资源需求计划时，要结合施工进度计划，合理配置资源，提高资源利用率。

（二）施工现场管理

施工现场管理是园林绿化工程施工管理的核心环节，主要涉及合理布局施工现场、确保施工安全与环境卫生。

合理布局施工现场是施工现场管理的首要任务。施工现场布局应遵循科学、合理、安全、环保的原则，确保施工现场道路畅通、材料堆放有序、设备安置合理，以提高施工效率。

确保施工安全是施工现场管理的重中之重。在施工过程中，要加强安全教育，提高安全意识；定期进行安全检查，及时发现和消除安全隐患；配备安全设施和防护用品，保障施工人员的生命安全。

环境卫生也是施工现场管理的重要内容。在施工过程中，要控制废水的排放，及时清理垃圾和废弃物，防止污染环境。

（三）施工质量管理

施工质量管理是园林绿化工程施工管理的重要环节，涉及建立完善的质量管理体系、对施工过程进行全面监控、加强质量教育和培训，确保工程质量符合要求。

建立完善的质量管理体系是施工质量管理的基础。该体系应明确质量标准，为施工质量管理提供依据。同时，要建立质量责任制，明确各岗位的责任，确保每个工作人员都清楚自己的任务。此外，随着技术的不断进步和市场的变化，施工质量管理的标准和要求也在不断更新。因此，要定期对施工质量管理体系进行改进，以适应新的发展要求。同时，要关注行业动态和市场需求，积极引进新技术、新工艺、新材料，以提高工程质量水平。

对施工过程进行全面监控是施工质量管理的重要手段。这包括对材料质量的检查、施工工艺的监督等。在施工过程中，不仅要确保进场的材料符合要求，还要监督施工工艺的执行情况，确保每道工序都符合质量标准。

加强质量教育和培训是提高施工质量管理水平的有效途径。要定期对工作人员进行培训，提高工作人员的质量意识。

（四）施工成本管理

施工成本管理是园林绿化工程施工管理的关键环节，指的是通过对施工成本进行预测、控制和分析，以降低工程成本。

施工成本的预测是施工成本管理的第一步。在施工前，要根据施工进度计划、资源需求计划，对施工成本进行初步的预测。预测的内容包括人工成本、材料成本、设备成本等。

施工成本的控制是降低工程成本的关键。在施工过程中，要严格按照成本控制计划，对各项成本进行严格的把控；要合理安排人员，避免人力资源浪费；要严格按照计划采购材料；要提高设备利用效率；要合理控制管理费用等间接费用的支出。

　　施工成本的分析也是施工成本管理的重要内容。在施工过程中，要对实际发生的成本进行统计和分析，并将其与预测的成本进行对比，找出偏差产生的原因，及时发现和解决成本控制中存在的问题。

第二章 园林绿化工程
施工技术及管理

第一节 土方工程施工技术及管理

一、土方工程施工前的准备工作

在土方工程施工前，必须做好准备工作，包括现场勘查、清理现场、测量定位、划分施工区域等。

（一）现场勘查

在土方工程施工前，现场勘查必不可少。现场勘查的主要目的是了解施工现场的地形地貌、地质条件、地下管线等情况，以便更好地制定施工方案。在现场勘查的过程中，工作人员应注意勘查土壤的类型、湿度、硬度等，并记录相关数据，为后续施工提供参考。

（二）清理现场

在现场勘查完成后，应将施工现场的杂物、垃圾等清理干净，为施工创造良好的作业环境。清理现场时，应注意保护现场的植物等。同时，应将不必要的大型设备撤离现场，以免影响施工进度和质量。

（三）测量定位

测量定位是土方工程施工前的重要准备工作之一，包括确定施工区域的边界、地下管线的位置等。工作人员应注意选择合适的测量仪器，提高测量精度和可靠性，以获得准确的数据，为后续施工提供准确的参考依据。

（四）划分施工区域

划分施工区域的目的是将大型土方工程分成若干个小工程，以便更好地组织施工。在划分施工区域时，要以测量定位的结果为依据；要考虑材料运输，以及施工人员的生活需要；要注意合理规划作业面、通道等，提高施工效率和质量。

二、土方施工的技术要求

在园林绿化工程中，土方施工是一项基础且关键的工作，不仅涉及土壤质量、地形、排水系统等要素，还直接影响植物生长和整体景观效果。因此，掌握土方施工的技术要求，严格遵守相关规定，是确保园林绿化工程施工质量的重要前提。

（一）土壤质量要求

土壤质量是影响植物生长的关键因素之一。在进行土方施工时，要先确保土壤肥力和透气性。应在施工前对贫瘠的土壤添加适量的有机肥料，以提高土壤肥力。

（二）地形要求

在园林绿化工程中，地形改造是一项常见的施工内容。通过调整地形，可以创造出丰富的景观层次和视觉效果。在改造地形时，应遵循自然原则，避免过度改造导致土壤流失。

（三）排水系统要求

良好的排水系统是防止土壤积水和植物受淹的重要保障。在土方施工过程中，应科学设置排水设施，根据地形和土壤特点，合理规划排水沟的位置和深度，确保排水流畅。

（四）边坡稳定性要求

在土方施工过程中，确保边坡的稳定性是一个重要问题。应根据土壤类型、坡度等因素，采取相应的加固措施，以防止边坡滑坡。此外，应定期对边坡进行检查和维护。

三、土方开挖与运输

（一）土方开挖的方法和步骤

1.土方开挖的方法

土方开挖是园林绿化工程施工中的一项重要内容，其方法和步骤直接影响工程的进度和质量。根据施工环境和要求，土方开挖的方法总体上可分为人工开挖和机械开挖两种。

（1）人工开挖

人工开挖适用于挖掘深度较浅、工程量较小的情况。这种方法灵活性高、适应性强，但效率较低。人工开挖一般采用锹、镐、铲等工具，按照自上而下的顺序进行挖掘。为了确保挖掘的准确性，通常需要画线定位，并设置标高控制点。此外，需要注意的是，在人工开挖的过程中，需要注意保护植物根部，避免损害植物根系。

（2）机械开挖

机械开挖适用于挖掘深度较深、工程量较大的情况。这种方法效率高，能够在短时间内完成大量土方的挖掘。常用的挖掘机械有挖掘机、装载机等。在机械开挖前，应先进行现场勘查，了解地下管线、树木根系等情况，防止破坏地下管线或者损害树木根系。同时，机械开挖应遵循设计图纸的要求，控制好挖掘深度和范围，避免超挖或欠挖。

2.土方开挖的步骤

在土方开挖的过程中，应遵循以下步骤：

（1）定位放线

根据施工图纸和现场实际情况，确定开挖的范围。

（2）清理场地

开挖前，应将场地内的杂物清理干净，以便于施工。

（3）确定开挖顺序

根据工程量和现场实际情况，确定合适的开挖顺序，一般遵循自上而下、分层开挖的原则。

（4）挖掘

根据选定的开挖方法，使用相应的工具或机械进行挖掘。挖掘时，应控制好深度和范围，避免超挖或欠挖。同时，应注意保护好植物根系和地下管线等。

（5）修整边坡

在挖掘完成后，应对边坡进行修整，使边坡平顺、稳定。对于较大的边坡，应采取防护措施，如设置挡土墙等。

（6）清运土方

将挖掘出的土方清运至指定的堆放地点，注意控制运输过程中的扬尘和噪声，避免对周围环境造成不良影响。

（二）土方运输的方式和注意事项

土方运输是园林绿化工程施工过程中不可或缺的环节，其方式直接影响工程的进度和成本。土方量、距离和施工环境的不同导致土方运输的方式也有所不同。

1.土方运输的方式

土方运输的方式可分为人力运输、机械运输和动物运输等。

（1）人力运输

人力运输适用于土方量较小、距离较近的情况。人力运输具有成本低、灵活性高等优点，但效率较低。

（2）机械运输

机械运输适用于土方量较大、距离较远的情况。机械运输具有效率高、运输量大等优点，但成本较高。

（3）动物运输

在一些特殊情况下，如穿越森林、山地等，可以采用动物运输，如用马、骡等动物运输土方。动物运输具有环保、低成本等优点，但效率较低，且只适用于特定环境。

2.土方运输的注意事项

在土方运输的过程中，应注意以下事项：

（1）安全

遵守交通规则，控制车速，防止发生交通事故。同时，应采取相应的安全措施，如设置警示标志等。

（2）效率

合理规划运输路线，尽量缩短运输时间，提高运输效率。同时，应注意控制运输过程中的损耗，避免浪费。

（3）环保

采取有效措施，减少运输过程中的噪声、扬尘和尾气排放，保护环境。例如，使用密封性能良好的运输工具、采取洒水降尘措施等。

（4）协调

与相关部门协调，确保运输畅通无阻。例如，与交通管理部门沟通，申请施工车辆的临时通行证等。

（5）效益

综合考虑运输成本、运输效率等因素，通过合理规划，降低运输成本，提高经济效益。

四、填土与压实

（一）填料的选择与填土的处理

在选择填料时，应考虑其物理性质、化学成分和力学性能等因素。

1.填料的选择

填料可分为无机填料和有机填料两类。无机填料包括碎石、沙土等，有机填料则包括腐殖土、泥炭土等。应根据工程要求和实际情况选择填料。

（1）强度要求

根据工程要求，选择适当强度和压实度的填料。对于强度要求较高的工程，可以选择强度较高的沙土或碎石作为填料。

（2）稳定性要求

在选择填料时，应考虑其对工程稳定性的影响。对于稳定性要求较高的工程，可以选择稳定性较好的黏土或泥炭土作为填料。

（3）环保要求

为满足园林绿化工程的环保要求，应选择无污染的填料，如腐殖土、泥炭土等。

2.填土的处理

为提高填土的压实度和稳定性，需要对填土进行适当处理。常见的处理方法有破碎处理、筛分处理、混合处理等。

（1）破碎处理

对于较大颗粒的填料，需要进行破碎处理，以减小颗粒尺寸，提高压实度。常用的破碎方法有机械破碎、水力破碎等。

（2）筛分处理

对于不同粒径的填料，需要进行筛分处理，以去除过大或过小的颗粒，使填料粒径均匀，提高压实度。常用的筛分设备有振动筛、滚筒筛等。

（3）混合处理

为了提高填土的稳定性，需要对填土进行混合处理。混合的方法有干混和湿混两种。干混是将各种材料按比例混合均匀，湿混则是将各种材料加水搅拌后混合均匀。

（二）填土压实的工艺与方法

填土压实是土方工程的重要环节，其工艺和方法的选择直接影响填土的压实度和质量。根据不同的施工环境和要求，填土压实的工艺和方法也有所不同。

1.填土压实的工艺

填土压实的工艺可分为分层压实和整体压实两种。

（1）分层压实

分层压实是将填土分成若干层，逐层进行填筑和压实。每层填筑厚度不宜过厚，一般不超过 30 cm。分层压实的优点是便于施工、保证压实质量，适用于各种类型的填料。

（2）整体压实

整体压实是在整个填土区域进行一次性压实。整体压实的优点是施工速度快，适用于松散的填料，但整体压实效果不如分层压实效果好。

2.填土压实的方法

填土压实的方法可分为人工压实和机械压实两种。

（1）人工压实

人工压实是指使用人力进行填土的压实。人工压实的优点是成本低、灵活性强，缺点是效率低。

（2）机械压实

机械压实是指使用机械进行填土的压实。机械压实的优点是效率高、压实度高，缺点是成本高。

五、土方施工的质量控制

（一）土方施工的质量标准

首先，要确保土壤中不含有害物质，以利于植物生长；土壤的 pH 值应控制在 6.5～7.5，以保证适宜的酸碱度。

其次，要保证地形与周围环境协调，无突兀感。

最后，要确保土壤的压实度。在填土时，应分层压实，确保每一层的压实度都达到设计要求。

（二）土方施工的质量验收

在土方施工完成后，验收工作必不可少。首先，要检查土壤的质量。其次，要检查地形的设计是否合理，是否与设计图纸相符。最后，要对土壤的压实度进行检测，确保其满足设计要求。

在验收过程中，若发现任何问题，应及时进行整改。对于不满足质量要求的土壤，应进行更换；对于地形设计不合理的地方，应进行调整；对于压实度不够的地方，应重新压实。整改完成后，应再次进行验收，确保问题得到解决。

六、土方施工的安全注意事项和安全防范措施

在土方施工中，安全是首要考虑的因素。由于施工环境复杂，因此对土方施工的安全注意事项和安全防范措施有深入的了解至关重要。

（一）土方施工的安全注意事项

第一，土方施工涉及大量的挖填作业，操作时应确保机械和人员之间的安全距离，避免因机械操作失误导致的安全事故。同时，应在深度开挖的区域设置警示标志。

第二，考虑到土壤的不稳定性，应特别留意陡峭或滑坡地段。在雨季施工时，更应加强监测，避免因土壤滑移导致的安全事故。

第三，采取降尘措施，以减少施工过程中产生的尘土。

（二）土方施工的安全防范措施

为确保土方施工的安全，需要采取一系列的防范措施。

第一，对所有参与土方施工的人员进行安全培训，确保他们了解安全规程。培训内容应包括紧急救援措施、危险识别和预防等。

第二，为减少因机械故障或操作失误带来的安全事故，应对所有施工机械进行定期的检查和维护。此外，机械操作人员也需经过专业培训并持有相应的操作证书。

第三，在施工现场配备安全装备，如安全帽、护目镜等。所有施工人员在作业时佩戴这些装备，确保自身安全。同时，对于可能存在危险的区域，应设置安全网、护栏等防护设施。

第四，建立完善的安全管理制度，确保安全措施得到有效执行。

第二节　植物种植技术及管理

一、植物选择的标准与适应性分析

在园林绿化工程中，植物是不可或缺的元素。植物的选择直接影响园林绿化的景观效果。因此，植物选择的标准与适应性分析显得尤为重要。

（一）植物选择的标准

1.功能性

根据园林绿化的功能需求选择植物。例如，如果需要大量覆盖地面，应选择生长迅速、覆盖面广的植物；如果需要遮阴，应选择树冠较大的乔木。

2.美观性

植物的形态、色彩、季相变化等都是影响其美观性的因素。选择具有较高观赏价值的植物，可以提升园林绿化的景观效果。

3.适应性

应考虑植物对当地气候、土壤、光照等环境条件的适应性。选择能够在当地生长的植物，以降低养护成本、提高植物的存活率。

4.生态性

选择植物时，应注重生态平衡和生物多样性。合理配置不同种类的植物，使其形成稳定的生态系统，发挥生态效益。

（二）植物适应性分析

1.气候适应性

分析当地的气候条件，包括温度、湿度、降雨量等，选择适合当地气候的植物。

2.土壤适应性

土壤的类型、酸碱度、肥力等都是影响植物生长的因素。选择植物时，应了解其土壤适应性，选择适合当地土壤条件的植物。

3.光照适应性

不同植物对光照的需求不同。选择植物时，应根据种植地的光照条件，选择喜光或耐阴的植物。

二、植物种植的季节与环境条件

植物种植的季节与环境条件是影响植物生长的重要因素。在园林绿化工程中，合理选择种植季节和创造适宜的环境条件是确保植物健康生长的关键。

（一）植物种植的季节

植物种植的季节选择应根据当地的气候条件和植物的生长习性来确定。一般来说，适宜的种植季节为春季和秋季，因为这两个季节气温适宜，有利于植物生长。具体来说，不同植物的适宜种植季节可能会有所不同，因此，应根据具体情况来选择。

（二）植物种植的环境条件

在植物种植的过程中，应充分考虑环境条件的影响。首先，土壤是影响植物生长的重要因素。不同植物对土壤的类型、酸碱度、肥力等的要求不同，应根据植物的特性选择适宜的土壤。其次，水分是促进植物生长不可或缺的因素，应根据植物的需求合理灌溉。最后，光照也是影响植物生长的重要因素。不同植物对光照的需求不同，应合理配置植物，确保适宜的光照条件。

三、乔木种植技术

（一）乔木种植前的准备与处理

乔木是园林绿化中常见的植物之一，其种植前的准备与处理是确保乔木生长良好的重要措施。以下将对乔木种植前的准备与处理进行详细介绍。

　1.苗木选择

选择健康、无病虫害、根系发达的苗木是确保乔木生长良好的基础。选择苗木时，应确保其形态美观，符合设计要求。同时，应检查苗木的根系是否发达、枝叶是否茂盛，为后期的养护管理打下良好的基础。

　2.种植穴的准备

种植乔木前，应按照设计要求挖掘种植穴。种植穴的大小和深度应根据苗木的大小确定。一般来说，种植穴应比苗木的根系大 30% 左右。

　3.土壤处理

土壤是影响苗木生长的重要因素之一。在种植前，应对土壤进行分析，了解其酸碱度、有机质含量等，对不符合要求的土壤进行改良或更换。此外，在种植前，应对土壤进行消毒处理，以消除病虫害。

4.苗木修剪

为了减少苗木的水分蒸发和营养消耗，在种植前应对其进行修剪。修剪时，应保持苗木的形态美观，剪去病枝、弱枝和过密的枝条。同时，应将苗木的根系修剪整齐，去除烂根和病根。此外，还应对修剪后的苗木进行消毒处理，以防止病虫害的传播。

5.运输与保护

在运输大型苗木时，应采用专业的运输设备；在运输前，应对苗木进行包装，以保护其根系和枝叶；在装卸过程中，应轻拿轻放，避免损坏苗木。

（二）乔木种植的步骤

1.种植穴的处理

将挖好的种植穴周围的土壤堆成斜坡，以便于排水；疏松种植穴内的土壤，去除杂物，并施入适量的基肥；对土壤质量较差的种植穴进行改良，以提高其肥力和排水性能。

2.苗木的种植

将苗木放置在种植穴的中心位置，确保其根系自然展开。填入适量的土壤，并轻轻提苗，使苗木的根系与土壤紧密接触。在填土过程中，不断夯实土壤，避免苗木倾斜或倒伏。当土壤填至与地面相平时，将土堰围成圆形，并用水浇灌，使土壤沉实。

3.支撑与固定

为了防止乔木倒伏或变形，应对其进行支撑和固定。支撑方式应根据乔木的种类和规格来确定。一般来说，大型乔木应采用钢丝绳或木桩进行固定，小型乔木则可以采用竹竿或细木棍进行固定。

四、灌木与地被植物种植技术

（一）灌木的种植要点与注意事项

1.灌木的种植要点

（1）品种选择

种植灌木时，应结合设计要求、生长环境、土壤条件等因素综合考虑，选择适宜的品种。同时，应选择健康、无病虫害、根系发达的苗木，以保证灌木的存活率。

（2）合理配置

配置灌木时，应考虑灌木的高度、形态、色彩等因素，以形成层次分明、色彩协调的景观效果；应根据设计要求进行合理配置，避免种植过密或过疏，以保证灌木正常生长。

（3）适当修剪

种植前，应对灌木进行适当修剪，去除病枝、弱枝和交叉枝。修剪时，应保持树形美观，促进灌木生长。此外，应及时清理剪下的病枝、弱枝和交叉枝，保持环境整洁。

（4）土壤处理

种植前，应对土壤进行理化分析，了解其酸碱度、有机质含量、排水性等。对于不符合要求的土壤，应进行改良或更换。

（5）灌溉与施肥

灌木生长需要充足的水分和养分。种植后，应根据土壤条件和天气情况合理安排灌溉和施肥。灌溉，应适量、适时，避免过度或不足；施肥，应选用合适的肥料，合理安排施肥量。

（6）病虫害防治

病虫害是影响灌木生长的重要因素之一。种植后，应定期对灌木进行检查，若发现病虫害应及时采取措施。对于不同类型的病虫害，应采用不同的防治方法，如化学防治、生物防治等。同时，应加强对灌木的养护管理，提高其抗病能力。

（7）防寒保暖

在冬季，应采取适当的防寒保暖措施，如覆盖草席、塑料薄膜等，以防止灌木受冻害。

2.注意事项

种植灌木时，应注意以下几点：

（1）遵循设计要求

种植时，应遵循园林绿化设计的要求，确保灌木的品种、规格、种植位置等符合设计要求。施工方不得随意更改种植计划，如果需要调整，应与设计方及时沟通，得到允许后方可调整。

（2）安排科学合理

种植时，应根据实际情况进行安排。例如，对于大型灌木应采用机械种植，对于小型灌木则可以采用人工种植。

（3）保证苗木质量

选用健康、优质的苗木进行种植，同时，应遵循操作规范和技术要求，确保灌木生长良好。避免使用劣质苗木或病苗，以免影响景观效果。

（4）定期养护管理

种植后，应定期进行养护管理，包括灌溉、施肥、修剪、除草等。及时发现病虫害问题，并采取有效的措施。同时，应注意防止人为破坏和动物啃食等情况的发生。

（二）地被植物的种植方法

地被植物是园林绿化中不可或缺的一部分，其种植方法与养护要求对确保地被植物健康生长具有重要意义。

　　应综合考虑设计要求、生长环境、土壤条件等因素，选择适宜的地被植物品种。种植时，应根据地被植物的种类和生长特性，合理安排种植密度和种植深度。生长迅速、覆盖力强的地被植物的种植密度可以适当增加，以保持其良好的生长状态和景观效果。

五、水生植物种植技术

（一）水生植物的种类与生长环境

　　水生植物不仅能美化水体、增加景观的多样性，还能改善水质、维护水体生态平衡。因此，了解水生植物的种类与生长环境是十分必要的。

　　1.水生植物的种类

　　水生植物可分为挺水植物、浮叶植物、漂浮植物和沉水植物。挺水植物是指根生于水底土壤中的植物，如荷花、慈姑等；浮叶植物是指叶片浮于水面的植物，如睡莲、王莲等；漂浮植物是指完全漂浮于水面的植物，如凤眼莲等；沉水植物是指整个植株都沉在水底的植物，如金鱼藻、狐尾藻等。

　　2.水生植物的生长环境

　　水生植物的生长环境主要包括静水环境和流水环境两种。静水环境是指水面相对平静、水质清澈、光照充足的水体，适合生长的植物有荷花、睡莲、王莲等；流水环境是指水流较急、水质浑浊的水体，适合生长的植物有金鱼藻、狐尾藻等。此外，水生植物的生长还受光照、温度、湿度等多种因素的影响。一般来说，水生植物需要充足的光照和适宜的温度才能正常生长。此外，水体的 pH 值、营养盐含量等也会影响水生植物的生长。

（二）水生植物的种植要点

种植水生植物时，应注意以下几点：

第一，应根据水体的具体情况，如水体的深度、光照、温度、营养盐含量等，选择适宜的水生植物品种。例如，浅水区可以选择挺水植物，如荷花、慈姑等；深水区可以选择沉水植物，如金鱼藻、狐尾藻等。

第二，种植前，应对土壤进行适当的处理。对于贫瘠的土壤，应进行改良；对于黏重的土壤，应进行疏浚。

第三，根据植物的生长需求，合理安排种植密度和深度。

第四，种植后，应及时施肥，以满足水生植物的生长需求。

六、植物种植的质量标准与验收程序

植物种植是园林绿化工程施工的核心环节，直接关系到园林景观的最终效果。因此，确立植物种植的质量标准与验收程序，是确保园林绿化工程质量的必要条件。

（一）植物种植的质量标准

首先，确保选购植物的品种、规格、形态等均符合设计要求。其次，植物的健康状况至关重要。确保每种植物有相应的质量证明文件，如检疫证明、产地证明等。种植的植物无病虫害，生长健壮，叶片颜色正常。最后，确保种植的植物能够适应当地的气候和土壤条件。

（二）植物种植的验收程序

验收程序是确保植物种植质量的关键。首先，种植完成后，应对每种植物进行核对，确保其品种、规格与设计一致。其次，对植物的健康状况进行检查，确认无病虫害、生长良好。最后，检查植物的种植深度、间距等是否符合设计要求。除了上述的硬性标准，植物的观赏效果也是验收的重要方面。植物的排列应整齐有序，与周围环境相协调，避免出现遮挡等情况。在验收过程中，若发现任何问题，应及时整改。例如，若发现植物生长不良，应及时采取补救措施；若发现植物种植位置不当，应及时调整。整改完成后，应再次进行验收，确保问题得以解决。

第三节　假山与水景工程
施工技术及管理

一、假山工程施工技术

（一）假山的类型与用途

1.假山的类型

根据不同的分类标准，假山可以分为多种类型：按材料，可分为自然石材假山和人工塑石假山；按形态，可分为山体式假山、峰峦式假山、悬崖式假山等；按风格，可分为古典园林假山和现代园林假山。自然石材假山是常见的假山类型，指的是利用天然的石块、石片堆叠成山，通过巧妙的布局，形成逼真的山景效果。人工塑石假山则是采用混凝土、砖石等材料，通过雕刻、塑造等技术手段制作出形态各异的假山。

2.假山的用途

假山在园林绿化工程中扮演着重要角色，其用途多种多样：假山可以与周围的建筑、植物等相互映衬，形成完美的景观效果；假山可以作为景观的焦点，吸引游客的目光，增加园林的观赏价值；假山可以作为水景的配景，与水体相互呼应，营造出山水相依的意境；假山可以作为空间的分隔，将园林分成不同的区域，增加园林的层次感和空间感。

（二）假山材料的选择

选择假山材料时，应考虑材料的质地、颜色、纹理以及安全性等因素。对于自然石材假山，应选择质地坚硬、色泽自然、纹理美观且无裂纹的石材。同时，应确保所选石材的耐久性和安全性，避免使用可能含有有害物质的材料。对于人工塑石假山，应选择质量可靠的材料，并确保其颜色、纹理和外观与自然石材相似。

选择假山材料时，应对其质量严格把关。对于自然石材，应检查其是否符合相关质量标准，如尺寸、重量、吸水率等。同时，应对自然石材的抗压强度进行检测，以确保其能够承受一定的外力作用。

（三）假山的施工工艺

1.施工前的准备工作

施工前，应做好充分的准备工作。首先，应详细了解设计意图和要求，熟悉施工图纸和相关规范。其次，应对施工现场进行勘查，了解地形、地貌、水文等实际情况。最后，根据施工需要，准备好所需的材料、工具和设备。

2.基础工程的施工

基础工程是确保假山整体稳定的关键。应根据设计要求，合理选择材料和施工方法。对于大型假山，应采用混凝土或其他坚固的建筑材料浇筑的基础；对于小型假山或景观装饰性假山，可以采用适当的加固措施，如设置锚固点等。

3.山体的堆叠施工

山体的堆叠是假山施工的核心工艺。根据设计图纸和现场实际情况，选择合适的石材和堆叠方式。大型假山应采用分段施工的方法，先完成基础部分，再逐步向上堆叠。

4.山石纹理和颜色的处理

为了使假山更加自然，应对山石的纹理和颜色进行处理。通过喷涂、染色等技术手段，对山石的颜色和纹理进行处理，以达到更好的视觉效果。

5.水景的营造

假山与水景结合可以营造更加生动自然的景观效果。根据设计要求，合理设置水源、水道、水池等。同时，应注意对水质的保护。

6.植物的配置

根据假山的特点和周围环境，选择适宜的植物品种和种植方式。应注意定期对植物进行修剪，以确保植物健康生长。

二、水景工程施工技术

（一）驳岸工程施工技术

1.驳岸的类型与设计要求

（1）驳岸的类型

根据不同的分类标准，驳岸可以分为多种类型。按照采用的材料，驳岸可以分为自然材料驳岸和人工材料驳岸。自然材料驳岸采用天然材料，如石材、木材等，人工材料驳岸采用人工材料，如混凝土、砖等。按照形态，驳岸可以分为直驳岸、斜驳岸和曲线驳岸等。

（2）驳岸的设计要求

设计驳岸时，应遵循一定的要求，具体如下：

第一，应满足稳定性的要求。驳岸是防止水土流失、保护堤岸的重要设施，必须具备足够的稳定性。设计师应充分考虑地质条件、水文特征等因素，确保驳岸的稳定性。

第二，应满足生态性的要求。驳岸的设计应促进水生生物的繁衍，维护水体的生态平衡，尽量减少对生态环境的破坏。

第三，应满足景观性的要求。驳岸作为水景工程的重要组成部分，必须具备一定的景观效果。设计时，应注重驳岸的美观性。

第四，应满足安全性的要求。驳岸的设计应充分考虑游客的安全，设置必要的防护设施，避免发生安全事故。

2.驳岸施工的材料、工艺与注意事项

（1）驳岸施工的材料

驳岸施工的材料包括自然材料和人工材料。自然材料，如石材、木材等，具有自然质朴的外观，能够与周围环境融为一体；人工材料，如混凝土、砖等，具有较好的稳定性和耐久性，适用于各种驳岸工程。选择材料时，应充分考虑驳岸的设计要求和实际情况等。

（2）驳岸施工的工艺

不同类型的驳岸，采用的施工工艺有所不同。自然材料驳岸应注重材料的自然纹理和色彩，采用适当的施工工艺，如堆砌、镶嵌等，以呈现自然、和谐的效果；人工材料驳岸应注重结构的稳定性和安全性，采用适当的工艺和技术，确保驳岸的质量和耐久性。

（3）驳岸施工的注意事项

在驳岸施工的过程中，要注意以下几点：一是要确保排水通畅，防止不均匀沉降；二是要根据实际情况合理选择材料，确保结构的安全性和耐久性；三是要通过合理的布局和装饰，提升驳岸的景观效果；四是要加强安全管理，确保施工人员的安全。

（二）人工湖施工技术

1.人工湖的构造与设计要点

（1）人工湖的构造

人工湖主要由湖体、水生植物、给水系统、排水系统等部分组成。

（2）人工湖的设计要点

设计人工湖时，应注意以下几点：

第一，应满足功能要求。人工湖的功能多样，包括景观美化、生态保护、休闲娱乐等。设计时，应根据实际需求确定人工湖的功能和规模。

第二，应注重生态平衡。设计时，应仔细考量水生植物的选择、水质的维护、生态环境的保护等方面。

第三，应考虑四季变化对人工湖的影响，合理配置四季植物，保持四季景观的持续性。

第四，应注意安全性。人工湖周边应设置安全设施，确保游客安全。

2.人工湖的材料选择与施工工艺

（1）人工湖的材料选择

人工湖的材料选择需根据设计要求、地理环境、水质条件等因素综合考虑。湖体材料需具备良好的耐水性，以确保湖体结构的稳定性。水生植物的选择需考虑其对水质的适应性以及景观效果，常见的水生植物有芦苇、荷花等。

（2）人工湖的施工工艺

施工工艺决定了人工湖的最终呈现效果。首先，应进行基础处理，确保湖体结构的稳定性。其次，水生植物的种植需遵循水生植物的生长规律，合理安排种植时间，确保水生植物的成活率。种植前，应对土壤进行适当处理，如消毒、施肥等，为水生植物生长创造良好的条件。最后，为了保持人工湖的水质，应定期清理水体中的污染物。

三、假山工程与水景工程的质量控制

（一）假山工程与水景工程的质量标准

假山工程与水景工程作为园林绿化工程的重要组成部分，其质量标准对整个园林的品质至关重要。

1.假山工程的质量标准

首先，假山的材料应符合质量要求。石材应坚固、耐久，无裂纹和破损；假山的结构应稳固，能够承受游客的重量；假山的造型应符合设计要求，具有艺术性和自然感。其次，假山的基础应牢固，石块之间连接紧密，无安全隐患。最后，施工完成后，山体的自然风貌和生态环境未被破坏。

2.水景工程的质量标准

水景工程的质量标准主要包括水质、水形和水景的评定。水质应清澈透明，无异味和杂质；水形应符合设计要求，水面平滑，无明显波动和涡流；水景应与周围环境相协调，具有观赏性和艺术性。

（二）假山工程与水景工程的安全监测与维护管理

假山工程与水景工程的安全监测与维护管理对确保游客安全和延长工程使用寿命具有重要意义。

1.假山工程与水景工程的安全监测

应定期监测假山工程的稳定性。由于雨水、风化等自然现象会对假山石材的稳定性产生影响，因此应定期对假山进行监测，确保其结构安全。

应定期监测水景工程池壁、底板的渗漏情况，以及水循环系统的运行状况，若发现异常应及时处理，防止造成水体污染。

2.假山工程与水景工程的维护管理

为确保假山工程与水景工程的安全性，需要定期对其进行维护管理。

对于假山工程，应定期清除山体上的苔藓、藻类，保持山体的自然外观；对连接部位进行检查和加固，防止出现石块脱落等安全隐患。

对于水景工程，应定期清理水池，去除沉积物，保持水体清澈透明；应根据需要调整水循环系统的运行，确保水质清洁；应对电气设备、照明系统等进行定期检查，确保其正常运行；应加强日常巡查，及时发现并处理安全隐患。

第四节　园路与广场铺装技术及管理

一、园路与广场在园林绿化工程中的作用

园路与广场是园林绿化工程的重要组成部分，不仅具有引导游客游览、组织景观的功能，还在园林空间划分上起到关键作用。

首先，园路与广场在园林绿化工程中起到引导游客游览的作用。一方面，它们能够引导游客按照设计者的意图有序地游览全园；另一方面，它们可以使游客在欣赏园林景观的同时，按照一定的顺序和节奏，合理地规划游览线路，增加游览的趣味性。

其次，园路与广场能够组织景观。园林景观的构成是复杂的，包括山水、建筑、植物等多个元素。园路和广场可以作为这些景观元素的纽带，将它们串联起来，形成一个有机的整体。同时，园路和广场的布局和设计还可以突出某些景观的特点，使其成为园林的标志性景点。

最后，园路与广场还在园林空间划分上起到关键作用。园林空间是有限的，如何利用好有限的空间是园林绿化工程设计者需要重点思考的问题。科学设计园路和广场的布局，可以有效地将园林空间划分为不同的区域，形成不同的景

区。这样既可以使园林空间得到充分利用，又可以使各个区域具有自身的特色和功能。

二、园路与广场的设计美学与功能要求

（一）园路与广场的设计美学

园路与广场的设计美学主要体现在空间布局、线条流畅和细部处理等方面。在空间布局上，园路与广场应与周围环境相协调，形成有机的整体。合理的空间布局能够突出景观的层次感，营造出宜人的景观效果。线条流畅是园路与广场设计美学的重要方面。园路的走向应自然流畅，避免过多的弯折和障碍物；广场的边界也应简洁明了，给人以舒适和开阔的感觉。细部处理则是体现园路与广场设计美学的关键，包括对路面材料、铺装样式、栏杆、照明等方面的设计。精心的细部处理可以使园路与广场的细节更加精致，提升园林整体的美感。

（二）园路与广场的功能要求

园路的主要功能是引导游客游览和组织景观，因此，其设计应满足游客的游览需求；园路的宽度、坡度、材质等应符合安全要求，便于游客行走和停留；应设置无障碍通道，满足特殊人群的需求。

广场的功能主要包括人流集散和景观展示等。因此，广场应满足人流集散的要求；应通过合理的布局和设计，突出广场的特色和亮点，使其成为园林的焦点。

三、铺装材料的选择与处理

（一）铺装材料的种类与特性

在园林绿化工程中，铺装材料的选择和处理对营造舒适、美观和耐用的地面至关重要。

常见的铺装材料包括天然石材、人工石材、砖、混凝土等。这些材料各有其特性和用途。

天然石材，如花岗岩、大理石等，具有天然的纹理和色彩，耐磨、耐压，是高档的铺装材料。但是，天然石材的开采和加工难度较大，价格较高。

人工石材，如人造大理石、人造花岗岩等，其外观和性能类似于天然石材，但价格相对较低，且易于加工。然而，人工石材的耐久性可能不如天然石材。

砖是一种传统的铺装材料，有各种颜色、纹理和规格可供选择。砖的优点在于易于加工和铺设，且价格适中，但其抗压和耐磨性能相对较差。

混凝土也是一种常用的铺装材料，可根据需要制成各种形状和规格，且价格低廉，但其外观较为单一，且容易受到磨损。

除了以上几种材料，还有一些复合材料，如砖与混凝土的复合材料、石材与混凝土的复合材料等。这些复合材料结合了多种材料的优点，具有更好的性能和外观。

（二）铺装材料的选择依据与适用性分析

1.铺装材料的选择依据

首先，在选择铺装材料时，需要考虑其美学效果，应结合周围环境和设计风格，选择合适的铺装材料。不同的铺装材料有不同的色彩、纹理和质感，这些都会影响景观的美观程度。

其次，铺装材料的耐久性和稳定性也是重要的考虑因素。园林中的铺装区域往往承载着人流和车流，因此，需要选择耐磨、抗压性能好的铺装材料。对于一些容易受到自然因素损害的区域，如水边、树荫下等，则需要选择耐腐蚀性能好的铺装材料。

最后，环保也是选择铺装材料的重要依据。人们越来越多地开始使用环保的铺装材料。例如，使用植草砖、透水混凝土等材料能够有效地改善城市环境、缓解热岛效应等。

除了考虑以上因素，还需要根据不同区域的功能选择铺装材料。例如，对于需要设置座椅的区域，应选择易于施工的铺装材料；对于需要排水的地方，应选择透水性好的铺装材料。

2.铺装材料的适用性分析

选择铺装材料时，需要对各种材料的适用性进行分析。例如，对于儿童游乐区等一些特殊的场所，需要选择防滑、耐磨、环保的材料；对于一些大型活动场所，需要选择平整度高、抗压性能好的材料。

四、园路铺装施工技术

（一）园路的类型与构造

1.园路的类型

（1）主路

主路是园林中的主要通道。主路通常比较宽，能够满足游客的通行需求。同时，主路也是其他类型的园路的参照，因此，设计时，需要特别注意其位置和走向。

（2）支路

支路是主路的分支，通往各个景点或活动区域。支路的宽度通常小于主路，但也能满足游客的通行需求。设计时，应充分考虑游客的游览需求和路线的合理性。

（3）小径

小径通常用于连接园林中的各个细部景点。小径的宽度更小，有时仅供一人通行。小径的设计应注重其景观效果和舒适度，以便给游客带来宁静的感受。

（4）休闲步道

休闲步道通常设计得较为随意，以满足游客放松心情、欣赏风景的需求。

2.园路的构造

（1）路基层

路基层是园路的基础结构层。路基层的材料可以根据实际情况选择，常用的有碎石、混凝土等。

（2）垫层

垫层位于路基层之上，主要用于调节园路的标高。垫层的材料可以是沙、石粉等。

（3）面层

面层是园路的最外层。常用的面层材料有石材、砖、混凝土等。

（二）园路铺装的工艺流程与技术要点

1.园路铺装的工艺流程

园路铺装的工艺流程包括测量放线、基础整平、垫层铺设、面层铺装和成品保护等阶段。每个阶段都有一定的技术要求需要遵循。

测量放线是园路铺装的初始阶段，主要是根据设计图纸对场地进行测量，并确定园路的走向和位置。这一阶段的工作是确保园路铺装质量的关键，需要仔细测量。

基础整平是园路铺装的重要环节，直接关系到园路的质量和使用寿命。在这一阶段，需要对基层进行整平、压实和清理，确保基层平整、坚固。对于不同的基层，需要采取不同的处理方法，例如，应对混凝土基层进行湿养护，以保证其强度和稳定性。

垫层铺设是在基层之上铺设垫层材料，以调节园路的标高。垫层的材料可以是沙、石粉等，铺设时，应控制好垫层的厚度和排水坡度，保证排水顺畅。

面层铺装是园路铺装的最后一道工序。在这一阶段，应根据设计要求选择合适的面层材料，如石材、砖、混凝土等，并搭配好材料的颜色、纹理和尺寸，采用合适的施工工艺，例如，对混凝土面层进行抹平和压光，以保证平整度和光泽度。

成品保护是园路铺装结束后的重要工作，主要是对已完成的园路进行保护，防止损坏。成品保护的方法包括覆盖保护膜、定期清洁等。

2.园路铺装的技术要点

园路铺装的技术要点包括材料选择、施工规范等方面。在材料选择上，应根据园林的特点选择合适的材料。在施工规范上，应遵循相关标准和规范，确保施工质量和安全。

五、广场铺装施工技术

（一）广场的类型与构造

1.广场的类型

广场的类型多种多样，根据其功能，可以分为以下几种类型：

（1）交通广场

交通广场的主要功能是疏导交通流量、缓解交通压力。这种类型的广场一般较大，应选择耐磨、耐压的地面材料，以满足车流和人流通行的需求。

（2）休闲广场

休闲广场是城市中重要的公共空间。这种类型的广场一般设计精美，有绿化、水景、雕塑等多种元素，能为市民提供优美的休闲环境。

（3）商业广场

商业广场是商业区的重要组成部分。这种类型的广场通常设有遮阳设施、广告牌等，宜采用耐磨、易清洁的地面材料。

（4）集会广场

集会广场主要用于市民集会、庆典和表演等活动，具有一定的政治和文化意义。这种类型的广场需要有足够的空间，同时还要考虑音响、灯光的安装。

除了以上几种类型的广场，还有纪念广场、文化广场等不同类型的广场。不同类型的广场在构造和铺装上都有其独特的要求。

2.广场的构造

（1）地面层

地面层是广场的直接承载层，需要承载人流和车流。地面层的材料需要根据广场的类型和使用特点选择，常用的材料有石材、砖、混凝土等。为了满足耐磨、耐压等要求，地面层通常会铺设耐磨、耐压的垫层或基层。

（2）排水系统

排水系统通常包括排水沟、排水管，设计时，需要考虑排水坡度、汇水面积等因素。

（3）照明系统

根据广场的功能和使用特点，选择合适的灯具和灯光布置方式。

（4）附属设施

根据广场的特点和使用需求，布置附属设施。

（5）装饰元素

装饰元素包括雕塑、喷泉等，用于营造广场的艺术氛围。根据广场的主题和风格，选择合适的装饰元素。

（二）广场铺装的工艺流程与技术要点

广场铺装的工艺流程包括准备工作、基础处理、垫层铺设、地面铺装和成品保护等阶段。每个阶段都有一定的技术要求需要遵循。

准备工作是广场铺装的起始阶段，主要包括场地清理、测量放线、材料准备等。这一阶段的工作是确保后续施工顺利进行的基础，必须认真对待。

基础处理是广场铺装的关键环节，主要包括对土壤进行压实和整平。在处理过程中，需要注意控制土壤的含水量，保证压实质量。

垫层铺设是广场铺装的又一重要环节。垫层的平整度和排水性能对广场的质量和使用寿命有重要影响，因此，在垫层铺设的过程中，应控制好垫层的厚度，确保垫层的排水坡度符合设计要求。

地面铺装是广场铺装的最后一道工序。在这一阶段，应根据设计要求选择合适的地面材料。同时，还要注意选择合适的施工工艺。

成品保护是广场铺装结束后的重要工作，主要是对已完成的地面进行保护，防止其被损坏。成品保护的方法包括覆盖保护膜、定期清洁等。

六、园路与广场铺装工程的质量控制

（一）质量标准与验收程序

1.质量标准

园路与广场铺装工程的质量标准主要体现在以下几个方面：

（1）材料选择

广场路面材料应符合设计要求，具有耐磨、防滑、易于清洁等特性，具有足够的强度、耐久性。

（2）平整度

广场路面应平整，无明显起伏和凹凸，以保证行人和车辆安全通行。

（3）排水性

广场地面应具有良好的排水性能，防止积水。同时，路面材料的拼接应紧密，防止水渗透。

（4）安全性

路面材料应无毒、无害，符合环保要求。对于有特殊要求的区域，应采取一定的措施，确保游客安全。

2.验收程序

园路与广场铺装工程的验收程序主要包括以下几个步骤：

（1）初步验收

在工程完工后，先进行初步验收。初步验收包括检查路面的平整度、排水性能、材料质量等是否符合设计要求和质量标准。

（2）负载测试

对于有行人和车辆通行的区域，需要进行负载测试，以观测路面在不同负载下的变形情况，确保其承载能力满足设计要求。

（3）外观检查

检查路面的外观，如颜色、图案等是否美观、协调。同时，检查路面是否有裂纹等现象。

（4）安全性评估

对于存在安全隐患的路段，提出整改意见。

（5）资料核对

核对相关的资料，如施工记录、材料检验报告等，确保施工过程符合规范要求。

（6）正式验收

在初步验收、负载测试、外观检查、安全性评估和资料核对均符合要求后，进行正式验收。正式验收通过后，工程方可投入使用。

（二）常见问题与解决方法

1.铺装材料不达标

问题描述：使用的铺装材料，如石材、瓷砖等存在质量低劣、规格不一、颜色差异大等问题，导致铺装效果差，影响整体美感。

解决方法：严格把控采购环节，购买质量可靠、颜色一致、规格统一的铺装材料。对于易出现色差的材料，应在合同中明确要求，确保材料质量。

2.地面沉降

问题描述：园路或广场铺装完成后，出现局部或大面积的沉降现象，影响使用效果和安全性。

解决方法：施工前，应进行地质勘查，了解土壤的密实度、含水率。根据地质勘查结果，对存在问题的土壤进行处理。在施工过程中，加强质量控制与监督，确保每道工序符合要求。

3.排水不畅

问题描述：园路上存在积水现象，影响正常使用。

解决方法：安装排水系统，确保排水坡度与排水口设置合理。在施工过程中，严格控制铺装平整度，避免出现凹凸不平的现象。对于已经出现积水的区域，应及时处理，如增加排水口、疏通排水管道等。

4.接缝不整齐

问题描述：板块之间的接缝不整齐，影响美观。

解决方法：施工前，应进行技术交底，确保施工人员熟悉铺装工艺和要求。加强施工过程中的质量监督，及时发现并解决接缝不整齐的问题。

5.防滑处理不当

问题描述：在有坡度的铺装区域，如台阶、斜坡等，存在防滑处理不当的问题。

解决方法：选择防滑性能良好的铺装材料，如防滑地砖等。在施工过程中，对防滑设施进行专项检查，确保防滑设施设置合理。对于已经完成的铺装区域进行防滑性能测试，如有需要可返工。

第五节　园林建筑小品
施工技术及管理

一、园林建筑小品的功能及种类

（一）园林建筑小品的功能

园林建筑小品在园林建设过程中发挥极其重要的作用。丰富多样的园林建筑小品元素，给园林绿化设计的创新带来更多可能性，也使得园林更富有艺术感。一些美观的造型能够将园林内的景物联系起来，起到锦上添花的作用。因此，无论是现代园林建设还是古典园林建设，园林建筑小品的运用都能起到极大的作用，使人们在观赏的过程中获得愉悦感。此外，园林建筑小品作为园林绿化的重要组成部分，具有多方面的功能，不仅能满足游客休闲的需求，还能美化环境，提升园林的艺术氛围和文化内涵。

（二）园林建筑小品的种类

1.亭

亭是园林中常见的建筑小品之一，其特点是造型小巧、线条流畅。亭的屋顶多为单檐或双檐，四面开敞，可以供游客休息、观景。亭的选材多为木材、石材等自然材料，与周围环境融为一体，营造出和谐、宁静的氛围。

2.廊

廊是连接园林中各个景点的通道，其特点是蜿蜒曲折、通透开敞。廊的顶部通常覆盖着遮阳挡雨的顶棚，两侧设有栏杆供游客倚靠。廊的造型多样，可根据园林的风格和功能进行设计，既能起到引导游客的作用，又能作为景观的组成部分。

3.榭

榭是一种建于水边的建筑小品，其特点是低矮、宽敞、通透。榭的顶部多为平顶或歇山顶，其内部设有座椅供游客欣赏水景。榭的建筑材料多为木材、石材等，常常与桥梁、假山相结合，形成一组丰富的景观。

4.花架

花架的形态可根据园林的风格和功能进行设计，常见的有方形、圆形、拱形等。花架的建筑材料多为木材、钢材等。通过合理的设计和布局，花架既能起到装饰作用，又能为植物提供生长空间。

5.雕塑

雕塑题材广泛，可以是人物、动物、植物等，通过其形象表达出某种思想情感或象征意义。雕塑的选材多为石材、铜材等，通过精细的工艺和独特的设计，成为园林中的点睛之笔。

6.石景

石景是利用各种石材进行堆砌、组合形成的景观小品，其特点是形态各异、自然古朴。石景的选材多为山石、水石等，通过巧妙的设计和布局，石景能够呈现出山水之美。在园林中，石景可以作为主景、配景，起到美化环境的作用。

二、园林建筑小品施工技术

（一）园林建筑小品的构造

园林建筑小品常常起到画龙点睛的作用，其虽小，却能以独特的构造为整个园林增添无尽的魅力。

首先，园林建筑小品的构造应充分考虑其功能。无论是供人休息的座椅，还是照明用的灯具，其构造都应满足基本的使用需求。例如，应注重座椅的舒适度，满足人们休息的需求；应注重灯具的质量，保证夜间照明的效果。

其次，园林建筑小品要与周围环境相协调。园林建筑小品是园林景观的一部分，应当与周围的植物、建筑等元素相互协调，共同营造和谐统一的景观效果。例如，在一片开阔的草坪上设置园林建筑小品时，应确保其与草坪的自然风格一致，避免过于突兀；在山石之间设置园林建筑小品时，应确保其与山石的质感和颜色相协调，以增强整个景观的层次感。

最后，优秀的园林建筑小品不仅要满足基本的使用需求，更应具备独特的创意。

（二）园林建筑小品施工材料与工艺

1.园林建筑小品施工材料

可用作园林建筑小品施工的材料丰富多样，包括金属、木材、石材、玻璃、塑料、陶瓷等。每种材料都有其独特的质感，根据不同的应用场景和需求，选择不同的材料。例如，木材给人温馨自然的感受，适用于庭院装饰；石材质地坚硬、经久耐用，常用于地面铺装等。

2.园林建筑小品施工工艺

对于一些质地较硬的材料，如石材和金属，需要采用切割、打磨等工艺达到施工要求；对于木材和塑料等可塑性较强的材料，可以通过雕刻等工艺进行造型。此外，为了提高园林建筑小品的艺术性，还可以多种材料结合使用，如将金属与玻璃结合，或木材与陶瓷搭配，创造出独特的风格。

三、园林建筑小品施工的质量控制

（一）质量标准与验收程序

加强材料验收工作，保证所采购的材料质量合格、规格统一。对于建筑结构的稳定性、安全性等方面，更应严格把关，防止出现安全隐患。

施工过程中的技术管理也是质量控制的重要方面。这涉及施工工艺的选择、施工方法的优化以及施工进度的安排等。科学的技术管理能够确保施工的质量，同时提高施工效率、降低工程成本。因此，在施工过程中，应注重技术管理的科学性和有效性，不断优化施工方案，提高施工技术水平。

园林建筑小品的外观质量是验收的重点。外观质量的控制主要涉及建筑外观的平整度、线条流畅度、色彩搭配等方面。在施工过程中，应注重细节处理，如墙面砖块排列整齐、雕塑小品造型优美等。此外，定期进行外观质量检查，及时发现并处理外观质量问题，确保园林建筑小品的外观符合设计要求。

园林建筑小品的功能性验收也不容忽视。功能性验收主要包括建筑的使用功能、配套设施的完备性等方面。在验收过程中，应全面测试园林建筑小品的使用功能，如亭台楼阁的采光性能、座椅的舒适度等，确保其满足设计要求。

（二）常见问题与解决方法

1.材料质量问题

问题描述：使用的材料，如钢筋、水泥、砖石等，存在质量不达标、规格不符合要求等问题。

解决方法：加强对材料的质量控制，严格把关材料采购环节；选择信誉良好的供应商，并加强进场材料的检验工作；对于不符合要求的材料，应退换，确保施工所用材料质量合格。

2.施工工艺问题

问题描述：在施工过程中，由于施工工艺不当或技术水平不足，园林建筑小品的结构稳定性、外观质量等方面出现问题。

解决方法：加强施工技术管理，确保施工工艺符合规范要求；定期组织技术培训和交流活动，提高施工人员的技术水平；加强施工过程中的质量监督，及时发现并解决施工工艺问题。

3.管理问题

问题描述：在施工过程中，由于管理不善或沟通不畅，出现工期延误、成本增加、安全事故等问题。

解决方法：建立健全施工管理制度，明确各部门的职责与分工；加强对施工现场的管理，确保施工进度按计划进行；加强成本控制与安全管理，防止浪费现象和安全事故的发生。

4.设计与施工脱节问题

问题描述：设计图纸与实际施工情况存在差异，导致无法按设计图纸进行施工或施工效果不佳等问题。

解决方法：加强设计人员与施工人员的沟通，确保设计意图能够准确传达给施工人员；在施工过程中，如发现设计图纸与实际施工情况不符，施工人员应及时与设计人员沟通。

第三章 园林绿化工程施工安全管理

第一节 园林绿化工程施工安全管理体系的建立与运行

一、园林绿化工程施工安全管理体系的建立

（一）制定安全管理政策

安全管理政策是整个施工过程的行动指南，它明确了安全管理的基本原则和方向。同时，为了确保安全管理政策的执行，必须制定相应的奖惩机制。对于违反安全管理政策的个人或团队，应给予相应的处罚；对于严格遵守安全管理政策的个人或团队，则应给予适当的奖励。

（二）建立安全管理组织架构

仅仅有政策还不够，还需要有相应的组织架构来确保政策的执行。一般来说，这一架构应包括以下几个层次：

1.决策层

决策层通常包括项目经理或业主方代表。他们负责制定安全管理策略，监

督其执行情况，并定期召开安全会议，对当前的安全状况进行评估，根据实际情况调整安全管理策略。

2.执行层

执行层通常包括施工队长或安全员。他们负责将决策层制定的安全管理策略转化为具体的操作指南，并对施工现场进行检查，确保没有安全隐患。

3.操作层

操作层主要由工人组成。他们需要接受安全培训，了解并遵守安全规定。同时，他们也需要对自己所从事的工作负责，一旦发现安全隐患，应及时报告给执行层。

建立这样的组织架构，从上至下层层落实，从下至上层层反馈，形成一个完整的安全管理闭环，不仅能确保安全措施得到有效执行，还能及时发现并解决潜在的安全问题。

（三）明确安全管理职责

在园林绿化工程施工安全管理体系中，明确安全管理职责是至关重要的。项目经理作为整个项目的负责人，应对施工安全负总责。项目经理需要确保施工现场的安全措施得到有效执行。此外，项目经理还需要对施工现场的安全状况进行定期检查，及时发现并解决安全隐患。施工团队中的成员也需承担相应的安全管理职责。例如，安全员需要负责施工现场的安全监督工作，对工人的操作进行指导与监督；工人则需要严格遵守安全操作规程，提高安全意识，在施工过程中确保自身安全。

（四）制定安全管理制度与流程

安全管理制度与流程是园林绿化工程施工安全管理体系中的重要组成部分。制定完善的安全管理制度，包括安全生产责任制度、安全教育培训制度、安全检查制度等。这些制度能够规范施工现场的安全管理行为，确保各项安全措施得到有效执行。制定详细的安全管理流程，包括施工前的安全准备、施工过程中的安全操作、施工后的安全检查等。监管部门需定期对施工现场进行安全检查，对违反安全管理制度与流程的行为应及时予以纠正并给予相应的处罚。此外，监管部门还需加强对施工团队的安全教育培训工作，提高工人的安全意识与技能水平，降低安全事故的发生率。

（五）建立安全风险评估与管理制度

为了确保安全风险评估的有效性，需要建立相应的管理制度。首先，应明确评估的范围、标准和程序，确保评估工作的规范性。其次，应加强对评估人员的培训，提高他们的专业素质和责任心。最后，建立风险信息库，对风险进行分类，以便更好地预防风险。

（六）确定安全管理绩效指标与考核方法

为了衡量安全管理工作的效果和水平，需要确定相应的安全管理绩效指标。这些指标应涵盖施工现场安全管理的各个方面，如工人安全意识、安全操作规程执行情况、安全设施配备情况等。

为了确保安全管理绩效指标的有效实施，需要采用相应的考核方法。考核应坚持客观、公正、公开的原则，采取定量与定性相结合的方式进行。对于达到或超过绩效指标的团队或个人，应给予相应的奖励；对于未达到绩效指标的团队或个人，应分析原因并采取相应的改进措施。此外，还需要将考核结果与员工的薪酬、晋升等挂钩，以进一步提高员工对安全管理的重视程度。

二、园林绿化工程施工安全管理体系的运行

（一）安全教育培训的实施与管理

安全教育培训是提高员工安全意识的重要手段。在施工过程中，项目管理人员应定期对员工进行安全教育培训，包括安全操作规程、安全防护措施、应急救援等方面的内容，使员工充分认识到安全施工的重要性，掌握必要的安全知识和技能，提高自我保护的意识和能力。

为了确保安全教育培训的有效性，需要建立完善的安全教育培训管理制度。首先，应制订详细的安全教育培训计划，根据员工的岗位和职责确定培训内容和时间。其次，应选择具有专业知识和丰富经验的培训教师进行授课，确保培训质量。最后，建立培训考核机制，对培训效果进行评估，以便及时发现问题并解决问题。

（二）安全检查与隐患排查的开展

安全检查与隐患排查是园林绿化工程施工安全管理体系中的重要环节。定期开展安全检查与隐患排查，可以及时发现施工现场存在的安全隐患。

为了确保安全检查与隐患排查的有效性，需要建立相应的管理制度。首先，应制订详细的安全检查计划，明确检查的时间、范围和标准。其次，应选择具有专业知识的检查人员，确保检查工作的准确性和全面性。最后，建立隐患排查治理机制，对发现的安全隐患进行整改，形成闭环管理。

在开展安全检查与隐患排查的过程中，应注意以下几个方面：一是加强日常巡查，及时发现安全隐患；二是定期进行专项检查和综合检查，确保各个方面的安全工作得到有效落实；三是加大隐患整改力度，对发现的安全隐患进行整改，确保整改效果。

（三）安全事故应急预案的制定

针对可能发生的各种安全事故，制定相应的应急预案是园林绿化工程施工安全管理体系的重要组成部分。制定应急预案，可以明确事故发生时的应对措施，确保快速、有效地进行救援。

为了确保应急预案的有效性，需要对其进行定期的评估和修订，使其与施工现场的实际情况保持一致。此外，还需要组织应急演练，提高员工应对突发事件的能力。

（四）安全整改措施的落实

对于在安全检查和隐患排查中发现的安全问题，需要及时解决。整改措施应具体、可行。整改完成后，应进行验收并记录整改结果，确保问题得到解决。

为了确保整改措施落实到位，需要建立相应的跟踪机制。一方面，检查整改措施的实施情况；另一方面，建立奖惩机制，对整改不力的责任人进行相应的处理，以提高整改工作的有效性。

（五）安全文化建设

安全文化建设是园林绿化工程施工安全管理体系的重要组成部分。加强安全文化建设，可以提高员工的安全意识，培养员工良好的安全行为习惯，营造安全生产的文化氛围。

管理者可以采取多种措施推进安全文化建设。例如，开展安全文化宣传活动，加深员工对安全的认识和理解；举办安全知识竞赛，提高员工的安全意识；奖励在安全生产中表现突出的个人和团队，发挥榜样作用。

此外，还可以通过制定安全生产标语、印发安全教育宣传资料等方式，营造浓厚的安全文化氛围。

第二节 园林绿化工程安全 风险评估与防范措施

一、园林绿化工程安全风险识别与分析

（一）安全风险的分类与特点

安全风险可以分为自然风险和人为风险两大类。自然风险是指自然灾害等不可抗力因素引发的风险，如暴雨、暴雪、台风等。这类风险通常是无法避免的，但可以通过采取相应的防范措施减轻影响。人为风险是指由人为因素引发的风险，如施工操作不规范、施工人员安全意识淡薄、管理者管理不善等。

安全风险具有潜在性、不确定性、可预防性的特点。潜在性是指安全风险不易被察觉，只有在事故发生后才能被发现；不确定性是指安全风险的发生概率、影响范围难以准确预测；可预防性是指通过采取有效的防范措施降低安全风险发生概率。

（二）识别安全风险的方法

安全风险识别是防范安全风险的前提和基础，只有准确识别安全风险，才能有针对性地采取防范措施。风险识别的方法包括专家调查法、故障树分析法、事件树分析法等。其中，专家调查法是通过向专家咨询获取有关安全风险的防范措施；故障树分析法是通过分析系统故障的原因，找出故障产生的安全风险因素；事件树分析法是通过分析事件的发展过程，评估不同事件的风险等级和影响范围。

在园林绿化工程施工过程中，可以根据实际情况选择合适的风险识别方法，也可以综合运用多种方法全面、准确地识别安全风险，还可以借助现代化

的信息技术手段，提高风险识别的准确性和效率。

（三）安全风险分析

安全风险分析是安全风险评估的重要环节，主要包括风险内容识别和风险等级评估。

1.风险内容识别

风险内容识别主要是确定可能引发安全事故的风险源和风险因素。根据园林绿化工程的特点，风险源可能包括自然环境、施工设备、施工人员、施工管理等方面；风险因素可能包括施工环境恶劣、设备故障、操作失误、管理漏洞等。对这些风险源和风险因素进行分析，管理人员可以确定引发安全事故的具体原因。

2.风险等级评估

在风险内容识别的基础上，需要对每个风险因素进行风险等级评估，确定其可能对工程安全的影响程度。风险等级评估可以采用定性和定量相结合的方法。通过对每个风险因素的风险等级进行评估，管理人员可以得出其对工程安全的影响程度，为后续的风险防范提供依据。

二、园林绿化工程安全风险评估的实施

（一）评估前的准备工作

在实施安全风险评估之前，需要做好充分的准备工作，以确保评估工作顺利进行。

1.确定评估目标和范围

评估目标是风险评估工作的出发点，需要根据园林绿化工程的特点和实际情况确定相应的评估目标。同时，需要明确评估范围，包括时间范围、空间范

围等，以确保评估工作的全面性和准确性。

2.收集资料

为了进行准确的风险评估，管理人员需要收集相关的资料，包括工程设计图纸、施工计划、施工组织设计、设备配置、人员配备、安全管理制度等。此外，还需要了解工程所在地的地理环境、气候条件、社会环境等方面的信息，以全面了解可能存在的安全风险因素。

3.制定评估方案

根据评估目标和范围，管理人员需要制定详细的评估方案，包括评估内容、评估标准、评估方法、时间安排、人员分工等方面的内容。

（二）评估方法的选择

实施安全风险评估时，管理人员需要根据实际情况选择合适的评估方法，以进行科学、客观、准确的评估。管理人员可以根据园林绿化工程的特点，选择一种或多种方法进行评估。

（三）评估结果的解读

评估结果的解读主要是对评估过程中获得的数据进行整理、归纳和解释，以得出每个风险因素的风险等级和影响程度。管理人员需要认真分析每个风险因素的发生概率、影响范围，以便为后续的风险防范提供依据。

三、园林绿化工程安全风险防范措施的制定与实施

（一）预防性措施的制定与实施

预防性措施是指在风险发生前采取的措施，目的是防止风险的发生和扩大。在园林绿化工程中，预防性措施的制定与实施可以有效降低安全风险的发

生概率。

1.制定预防性措施

预防性措施主要包括加强对施工现场的安全管理、提高施工人员的安全意识、定期检查安全设施等。在制定预防性措施时，需要充分考虑园林绿化工程的特点和实际情况。

2.实施预防性措施

在实施预防性措施时，需要明确各级管理人员的职责，加强监督，以确保措施得到有效执行。同时，定期对预防性措施进行改进，以适应园林绿化工程的变化。

（二）控制性措施的制定与实施

控制性措施是指在风险发生后采取的措施，目的是控制风险的影响范围。在园林绿化工程中，控制性措施的制定与实施可以有效缩小安全事故的影响范围。

1.制定控制性措施

控制性措施主要包括制定应急预案、配备应急物资、培训应急救援人员等。在制定控制性措施时，需要充分考虑园林绿化工程的特点和实际情况。

2.实施控制性措施

在实施控制性措施时，需要明确各级管理人员的职责，加强监督，以确保措施得到有效执行。同时，定期对控制性措施进行改进，以适应园林绿化工程的变化。

第三节 园林绿化工程施工现场
安全管理与监督

一、园林绿化工程施工现场安全管理制度的制定与实施

（一）制定施工现场安全管理规定

园林绿化工程施工涉及大量的露天作业和繁重的体力劳动，因此，施工现场的安全管理规定显得尤为重要。安全管理规定的内容应覆盖施工人员日常工作的各个方面，包括安全教育培训、施工设备的操作与维护、危险源的辨识等。

此外，安全管理规定还需明确各级管理人员和施工人员的安全职责，确保从项目经理到一线施工人员，每个人都清楚自己的安全责任，从而形成一个完整的安全管理体系。定期开展安全检查和隐患排查，确保各项安全规定得到有效执行。

（二）确定施工现场安全责任分工

园林绿化工程往往涉及多个工种，为了确保施工现场的安全，必须明确各个部门和各个工作人员的安全责任。项目经理作为第一安全责任人，应全面负责施工现场的安全管理；技术部门负责制定施工安全技术措施，并对施工人员进行技术交底；现场的专职安全员应负责日常的安全检查和监督工作，及时纠正施工人员的不安全行为，消除安全隐患；施工人员在施工过程中应严格遵守安全操作规程，遇到危险情况应及时上报并采取应急措施。

（三）实施施工现场安全检查制度

为了确保施工现场的安全，实施定期的安全检查制度是必要的。这种检查不仅包括对施工设备、工具和材料的安全性检查，还要对工人的操作流程和安全防护措施进行检查。

具体来说，安全检查应覆盖施工前的准备、施工过程中的操作以及施工后的收尾工作。对于发现的问题，应及时解决。同时，为了提高安全检查的效果，可以使用专业的安全检查设备和仪器，如红外线检测仪、声发射检测仪等，以提高检测的准确性和可靠性。

（四）落实施工现场安全整改措施

对于发现的问题，必须采取有效的整改措施，整改措施的落实是保障施工现场安全的关键环节。整改措施应具有针对性和可操作性，能够有效地消除安全隐患，提高施工现场的安全水平。

对于未能按要求进行整改的，应采取相应的处罚措施，并督促相关责任人进行整改。同时，应将整改措施的落实情况纳入施工现场安全管理考核，以提高相关人员对安全整改工作的重视程度。

二、园林绿化工程施工现场安全管理与监督要点

（一）临时用电安全管理与监督要点

园林绿化工程施工现场涉及大量的露天作业，因此，临时用电安全管理尤为重要，不仅关系到施工设备的正常运行，还关系到施工人员的生命安全。

首先，制定严格的临时用电安全管理制度，规范施工人员的用电行为。定期进行安全检查，及时消除安全隐患。

其次，开展安全用电培训，确保施工人员了解基本的安全知识，熟悉施工

现场的安全规定，掌握触电急救的方法，提高他们的安全意识和技能。

最后，定期开展安全知识宣传和教育活动，通过悬挂标语、举办讲座等形式，提高施工人员对用电安全的重视程度。同时，应加强与施工人员的沟通与交流，及时了解他们的需求，不断完善用电安全管理制度。

（二）机械设备安全管理与监督要点

在园林绿化工程施工现场，机械设备安全管理同样重要。机械设备的使用不仅关系到工程的进度和质量，还关系到施工人员的生命安全。

定期对机械设备进行检查和保养，确保机械设备正常运行。对于存在安全隐患的机械设备，应立即停止使用并进行维修或更换。

确保操作人员熟悉机械设备的性能、操作方法和注意事项。对于不按规定操作机械设备的施工人员，应采取相应的处罚措施。

建立机械设备的档案管理系统，对机械设备的购置、使用、维修和报废等环节进行全面管理。通过档案管理，操作人员可以及时了解机械设备的使用情况，为机械设备的维修和保养提供依据。

（三）高处作业安全管理与监督要点

在园林绿化工程中，高处作业是常见的施工内容，如修剪树木、安装景观灯等。由于高处作业存在安全隐患，因此必须加强安全管理。

制定高处作业的安全操作规程，明确作业人员的安全职责和操作要求。对从事高处作业的人员进行专门的安全培训，并要求其取得相应的操作证。

在高处作业前，应进行详细的安全技术交底，让作业人员了解作业环境、作业要求和注意事项。对于可能存在的坠落风险，应采取有效的防护措施，如安装防护栏杆、铺设安全网等。同时，应提供必要的安全用品，如安全带、安全帽等，并确保作业人员正确使用。在施工过程中，应加强对现场的安全巡查，及时纠正不安全行为。对于发现的问题，应及时采取整改措施，并追究相关责任人的责任。同时，应定期对高处作业的安全设施进行检查和维护。

（四）临时设施安全管理与监督要点

园林绿化工程施工现场常常需要搭建临时设施，如临时仓库、员工宿舍等。这些设施的安全状况对施工现场的安全有着重要影响。

在搭建临时设施前，应对其进行合理的设计和选材，确保其结构稳定、安全可靠。在搭建过程中，应严格按照设计要求进行施工，确保施工质量符合安全标准。同时，应对临时设施进行定期的安全检查，及时消除安全隐患。

（五）消防安全管理与监督要点

园林绿化工程施工现场有大量的可燃物，如木材、草皮等，因此，消防安全管理至关重要。

制定严格的消防安全管理制度，明确各级管理人员和施工人员的安全职责。同时，应定期进行消防安全培训和演练，提高管理人员和施工人员的安全意识和应急处置能力。

加强对施工现场的消防安全管理，妥善存放易燃物品，严禁烟火。同时，应配备足够的消防器材和设施，并定期进行检查。

第四节 园林绿化工程安全事故的
应急处理

一、事故报告与报警机制的建立

在园林绿化工程中，一旦发生安全事故，及时的事故报告与报警是至关重要的，因此，建立一套完善的事故报告与报警机制是必不可少的。

首先，明确事故报告的责任人和程序。一旦发生事故，现场负责人应立即报告给相关部门。报告内容应包括事故发生的时间、地点、原因、人员伤亡和财产损失情况等。

其次，建立报警机制。报警信息应迅速传递给相关部门，以便及时采取应急处理措施。

最后，建立事故记录制度。对于发生的事故应详细记录，借助事故记录，管理人员可以更好地总结经验教训，为日后的安全管理工作提供参考。

二、紧急救援队伍的组建与培训

在园林绿化工程中，一旦发生安全事故，紧急救援队伍的快速响应对减少人员伤亡和财产损失至关重要。因此，组建一支训练有素、装备齐全的紧急救援队伍是必要的。

一方面，应根据工程规模和实际情况，组建适当规模的紧急救援队伍。紧急救援队伍应由具备相关专业知识和技能的专业人员组成，并配备必要的救援设备和器材。

另一方面，对紧急救援队伍进行培训。培训内容应包括设备使用、应急处置等方面的知识。通过培训，紧急救援队伍可以提高应急处置能力，在紧急情况下能够迅速地开展救援工作。

三、应急物资的储备

为了应对可能发生的安全事故，应急物资的储备是必不可少的。这些物资包括急救药品、防护用品等，应确保其数量充足、质量可靠，并随时处于可用状态。

制订应急物资的储备计划，明确所需物资的种类、数量及存放地点，并定期进行检查和补充；建立应急物资的管理制度，加强对应急物资的日常管理；建立应急物资的调用机制，确保在需要时能够迅速调用到所需的物资；建立应急物资数据库，设置应急物资调度中心，提高调用效率和管理水平。

四、事故现场的紧急处置与救援

第一，及时报告事故情况。一旦发生事故，现场人员应立即向相关部门报告事故情况，包括事故地点、人员伤亡和财产损失等情况。同时，保持冷静，避免盲目行动。

第二，立即启动应急预案。根据事故类型和实际情况，迅速启动应急预案。现场人员应按照应急预案的要求进行紧急处置，包括疏散人员、控制事态发展、实施急救措施等。同时，保持通信畅通，及时传递信息和协调资源。

第三，确保救援工作的安全。在开展救援工作时，应采取必要的安全措施，如设置警戒线、疏散无关人员、使用安全设备等，确保救援人员的安全。同时，注意保护事故现场，避免影响事故调查。

第四，加强与其他救援队伍和专业机构的联系。救援人员在遇到超出自身处置能力的事故时，应及时请求外部支援。同时，应积极配合相关部门进行事故调查。

第四章　园林树木的栽植

第一节　园林树木栽植成活的原理

园林树木的栽植是园林绿化施工的主要内容，它以园林设计为前提，以栽植成活为目标，确保园林绿化施工顺利完成。

传统意义上的栽植是指将树木种在土壤中的一种操作方式。随着栽植一词的广泛应用，其含义也在发生变化。栽植有狭义和广义之分。狭义的栽植，即种植或定植；广义的栽植，包括起苗、搬运、种植（定植）和保活管理四个基本环节。

在园林绿化中，树木栽植是指广义的栽植，包括树种和栽植季节的选择、起苗和运输、种植施工、成活期养护、成活效果检查、及时补植等环节，这些环节直接决定着树木栽植后的景观效果。

一般来说，根据栽植的目的，栽植可分为四种情况：①移植，即把植株从一个地方移栽到另一个地方；②寄植，即把已经符合定植要求的苗木较为密集地暂时栽植在一个特定的地方，这种方式多用于苗圃或施工地囤积苗木；③假植，即在一个临时的地方暂时把苗木根系包埋在湿润的土壤之中，以避免苗木的水分丢失；④定植，即按照园林设计要求，把苗木栽种在一个固定的地方。

要保证栽植的树木成活，相关人员必须掌握树木的生长规律及其生理变化，了解树木栽植成活的原理。一株正常生长的树木，其根系与土壤密切接触，根系从土壤中吸收水分和无机盐并运送到地上部分供给枝叶制造有机物质。此时，地下部分与地上部分的生理代谢是平衡的。

栽植树木时，先掘起，根系与原有土壤的密切关系就被破坏了，即使是苗圃中经过多次移植的苗木，也不可能掘起全部根系，仍会有大量的吸收根留在土壤中，这样就降低了根系对水分和营养物质的吸收能力，而地上部分仍然不断地流失水分，生理平衡遭到破坏，此时，树木就会因根系受伤失水不能满足地上部分的需要而死亡。这就是人们常说的"人挪活，树挪死"的道理。但是，并不是说，树挪了一定会死，因为根系断了还能再生，根系与土壤的密切关系可以通过科学的、正确的栽植技术重新建立。一切利于根系迅速恢复再生能力和尽早使根系与土壤建立紧密联系的技术措施都有助于提高栽植成活率，从而做到树挪而不死。

由此可见，如何使新栽的树木与环境迅速建立密切联系，及时恢复树体以水分代谢为主的生理平衡是树木栽植成活的关键。这种新的平衡关系建立的快慢与树种习性、年龄时期、物候状况以及影响生根和蒸腾的外界因素都有着密切的关系。一般来说，发根能力和再生能力强的树种容易成活；幼、青年期的树木以及处于休眠期的树木容易成活；在适宜的气候条件下栽植的树木成活率高。园林树木栽植成活的原理主要包括生态学原理和生物学原理。

一、生态学原理

生态学原理，即适地适树，主要包括以下三个方面：

（一）单纯性适应

树种的生态习性与立地生态环境相互适应。例如，水边低湿地选耐水湿的树种，荒地则选择耐干旱的树种，盐碱地宜栽植耐盐碱的树种。

（二）改地适树

改善立地生态环境，如土壤改良、整地、客土栽植、灌水、排水、施肥（施偏酸性或偏碱性的肥料）、遮阴和覆盖等。

（三）改树适地

通过选种、引种、育种等技术措施，改变树木的生态习性，以适应立地生态环境。

二、生物学原理

在未移植前，一株正常生长的树木，在一定环境条件下，其地上部分与地下部分保持着一定的平衡关系。在移栽树木时，一方面，应尽可能多带根系；另一方面，对树冠进行适量的修剪，减少蒸发量，以维持根冠水分代谢平衡。因此，保证树木栽植成活的关键主要有以下几点：

①尽可能"适地适树"；

②在起苗、运苗、栽植的过程中，操作要尽可能快，防止树木失水过多；

③尽可能多带根系，并尽快促进根系的伤口愈合（伤口要剪平，最好涂生长刺激剂），发出新根，恢复根系的吸收能力；

④栽植中一定要保证根系与土壤颗粒紧密接触（将土踩实），栽后必须浇水，保证土壤中有足够的水分供应；

⑤一定要修剪树冠（修剪量因树种而异，小树一般在栽植后修剪，大树通常在栽植前修剪，栽后再复剪），减少枝叶量，以减少蒸腾。

第二节 不同季节园林树木的栽植

园林树木的栽植时期，应根据树木特性和栽植地区的气候条件而定。就降低栽植成本和提高栽植成活率来说，适栽期以春季和秋季为好，即初春树木萌芽前及晚秋树木落叶后至土壤冻结前。这两个时期树木对水分和养分的需求量不大，树体内贮存大量的营养物质；地上部分蒸腾作用较弱，而根系仍然处于较活跃状态；树木具有较强的发根和吸水能力，有利于维持树体水分代谢的相对平衡。

一、不同季节的树木栽植特点

（一）春季植树

春季植树是指自春天土壤化冻后至树木发芽前植树。此时，树木仍处于休眠期，蒸发量小，消耗水分少，栽植后容易达到地上、地下部分的生理平衡；多数地区土壤处于化冻返浆期，水分条件充足，有利于树木成活；土壤已化冻，便于掘苗、刨坑。

春季植树适合大部分地区和几乎所有树种，对树木成活最为有利，故春季是植树的黄金季节。但是，有些地区不适合春季植树，如干旱多风的西北、华北部分地区，春季气温回升快，蒸发量大，适栽时间短，根系来不及恢复，地上部分已发芽，影响树木成活。另外，西南某些地区受印度洋干湿季风影响，秋冬、春至初夏均为旱季，蒸发量大，春季植树往往成活率不高。

（二）夏季植树

夏季植树只适合某些地区和某些常绿树种。西南地区海拔较高，夏季不炎热，树木栽植成活率较高，常绿树种尤以雨季栽植为宜。夏季植树，相关人员一定要掌握当地历年雨季降雨规律和当年降雨情况，抓住连阴雨的有利时机，树木栽后下雨最为理想。

（三）秋季植树

秋季植树是指在树木落叶后至土壤封冻前植树。此时，树木进入休眠期，生理代谢转弱，消耗的营养物质少，有利于维持生理平衡。秋季气温逐渐降低，树木蒸发量小，土壤水分较稳定，而且此时树体内储存的营养物质丰富，有利于断根的伤口愈合，如果地温尚高，还能生发新根。经过一冬，根系与土壤密切结合，春季发根早，符合树木先生根后发芽的物候顺序。不耐寒的、髓部中空的或有伤流的树木不适合在秋季种植。

秋季植树有以下特点：

①秋季气温下降，地上部分蒸腾量小，并且树体本身停止生长活动，需水量也小；

②土壤水分状态较稳定，树体储存营养较丰富；

③此时树木根系有一次生长高峰，伤根易于恢复和发新根；

④秋栽的时间比春栽的时间长，有利于劳动力的调配和大量栽植工作的完成，根系有充足的恢复和生新根的时间，树木成活率较高，翌年气温转暖后不需缓苗就能立刻开始生长；

⑤在北方，由于秋冬季多风干旱，秋季植树时只能选择耐寒、耐旱的树种，而且要选择规格较大的苗木。

（四）冬季植树

冬季是东北地区移植冻土坨的最好时期。在土层冻结 5～10 cm 时开始挖坑和起苗，四周挖好后，先不要切断主根，放置一夜，待土球完全冻好后，再把主根切断打下土球。冬季植树，提高移栽成活率的措施如下：

①尽量缩短起苗至重新定植的时间，起苗时间大约在 11 月中旬开始，应在 12 月底结束；

②起球前，用草绳将树冠拢好，不要损坏树尖，一般土球的大小是移栽树木胸径的 10～15 倍，起挖的深度要在根系主要分布层；

③当起挖到一定的深度时，开始内收土球，其深度必须在 40 cm 以下（土壤表面向下的 40 cm 土层中集中了绝大部分水平根系，保证有足够大的土球体积，对树木成活极为有利）；

④当土壤冻结层没有达到土球要求的深度时，挖好四周和树球内收后，不要立即打球，要再冻 1～2 天，待土壤冻至需要的深度时再打球。

此外，在纬度较高、冬季酷寒的东北和西北地区还应注意，建筑物北面和南面土壤解冻的时间大约相差一周，因此，建筑物北面栽植树木的时间应晚于建筑物南面树木栽植的时间。阔叶常绿树中除华南产的极不耐寒种类外，一般的树种自春暖至初夏或 10 月中旬至 11 月中旬均可栽植，最好避开大风天气。

竹子的种类不同，适宜栽植的时间也不同（出笋早的毛竹、紫竹等应早栽，出笋迟的孝顺竹则可迟栽）。栽竹原则：在出笋前一个多月，空气湿度大，不寒冷也不炎热的时期种竹子最为有利。

其他不耐寒的亚热带树种，如苏铁、樟树、栀子花、夹竹桃等，以晚春栽种为宜，梅花、玉兰等可在春季花谢后及时移栽。

我们掌握了各个季节植树的优缺点后，就能根据各地条件因地、因树种，恰当地安排施工时间和施工进度。

二、不同地区园林树木的栽植时期分析

我国不同地区有不同的气候特点，气候变化给园林树木带来的影响是全方位的，因此，栽植园林树木的最适时期也有区别。

（一）东北大部分地区和华北北部、西北北部地区

东北大部分地区和华北北部、西北北部地区因纬度较高，冬季严寒，故以春栽为好，具体时间为 4 月上旬至 4 月下旬。当植树任务量较大时，也可秋栽，以树木落叶后至土壤未封冻前进行，时间在 9 月中下旬至 10 月底。

（二）华北大部分地区与西北南部地区

华北大部分地区与西北南部地区的冬季时间较长，有 2~3 个月的土壤封冻期，且少雪多风；春季尤其多风，空气较干燥；夏秋雨水集中，土壤为壤土，贮水较多。这些地区的多数树种以春栽为主，具体时间为 3 月中旬至 4 月中下旬，土壤化冻后尽量早栽。此外，这些地区的园林树木应在当地雨季第一次下透雨开始或春梢停长而秋梢尚未开始生长的间隙移植，并缩短移植的时间，随掘、随运、随栽，最好选在阴天和降雨前进行。

（三）华中、华东长江流域地区

华中、华东长江流域地区的冬季时间不长，土壤基本不冻结，除夏季酷热、干旱外，其他季节雨水较多，有梅雨季。因此，除干热的夏季外，其他季节均可栽植园林树木。例如，湖北黄石地区，按不同树种可分别进行春栽、秋栽和冬栽。春栽主要集中在 2 月上旬至 3 月中下旬，多数落叶树宜早春栽，至少应在萌芽前半个月栽。对春季萌芽较迟的树木，如枫杨、苦楝、无患子、合欢、乌桕、栾树、喜树、重阳木等，宜于晚春芽萌动时栽；部分常绿树，如香樟、广玉兰、枇杷、柑橘、桂花也宜晚春栽，有时可迟至 4~5 月；竹类一般以不迟于出笋前一个月栽为宜；落叶树也可晚秋栽，即 10 月中旬至 11 月中下旬，甚至 12 月上旬也可；萌芽早的花木，如牡丹、月季、珍珠梅等，宜晚秋栽。

（四）华南地区

华南地区年降水量丰富，主要集中在春夏季，平均温度较高，雨季来得较

早。该地区的春栽一般从 2 月份开始。华南地区冬季土壤不冻结，可冬栽。

（五）西南地区

受印度洋干湿季风影响，有明显旱、雨季之分的西南地区，以雨季栽植为好。西南地区冬春干旱，土壤水分不充足，气候温暖且蒸发量大，春栽往往成活率不高。落叶树可以春栽，但要有灌水条件。由于西南地区海拔较高，夏季为雨季，不炎热，栽植成活率较高。

综上所述，园林树木的栽植季节应选在适合根系再生和枝叶蒸腾量最小的时期。在四季分明的温带地区一般以秋冬落叶后至春季萌芽前的休眠时期最为适宜。就多数地区和大部分树种来说，以晚秋和早春栽植最好。

三、非适宜季节树木种植的技术措施

园林绿化工程常会遇到在非适宜季节施工的问题。此时的绿化施工要求对每道施工环节做到谨慎细致并采取相应的技术措施，否则栽植成活率必然不高，难以达到预期的绿化效果，造成经济损失和不良的社会影响。只有认真对待，才能在非适宜季节顺利、圆满地完成绿化任务。

（一）种前的土壤处理

土壤质量是影响树木种植成活的关键，非适宜季节种植树木必须保证土质肥沃、疏松，透气性、排水性好。对含有建筑垃圾等有害物质的地块，一定要清除废土，换上适宜树木生长的好土，并扩大树穴。对排水不良的种植穴，可在穴底铺入 10～15 cm 的沙砾，或设置渗水管、盲沟，以利于排水。

（二）植物材料的选择与技术处理

1.植物材料的选择

尽可能挑选长势旺盛、根系发达、无病虫害的树苗。

2.切根处理

对于较大的苗木，应提前在原地切根，并往根部喷洒适量的萘乙酸，然后覆土，精心养护，待种植时再起挖。

3.选择容器苗

深根性苗木的须根较少，根部土球不易起挖完整，在非适宜季节种植往往不易成活，可用盆栽或筐栽，以确保成活率。

4.临时用苗的技术处理

由于施工期紧，所选苗木未经切根处理，又不能在春季种植的，应在萌叶前切根并往根部喷洒适量的萘乙酸，就地覆土，待用苗时再起挖。

（三）施工环节严格把关

1.加大土球规格

在非适宜季节移植苗木，挖掘土球的规格应比正常季节大些，以尽可能减少对苗木根部的伤害。对广玉兰这类须根不发达的肉质根植物，更需如此。

2.适当疏枝

疏枝的多少要根据树种和当时的天气情况来定。常绿阔叶树可摘去 50%的树叶，但不可伤害幼芽；落叶树可抹去老叶，使其重发新叶；针叶树种也需适当修剪，以疏枝为主，修剪量可达 1/5～2/5。修剪时，要注意剪口平滑，剪后涂保护剂。

3.做到随挖、随运、随种

（1）起苗

夏季起苗最好安排在早晨或下午 4 点以后，并在起苗之前对树冠喷 1：10的蒸腾抑制剂，以减少植株水分损失。土球的包扎不仅要符合规定，而且要包扎紧密，使泥球在运输途中不松散。

（2）运苗

起苗后应及时装运，夏季尽可能就近组织苗源。起运前，应对苗木洒水，用遮光布盖好，以防运输途中苗木失水过多。苗木应轻提轻放，保持泥球完好，堆放在避光处。

（3）种植

苗木运到工地之后，应马上组织人员种植。植树穴内先施生根粉，然后用2 kg以磷为主的复合肥料拌土，填至70%左右，再填土至与地面平。

（四）栽后管理

1.浇水

树木栽植后要浇透水，次日进行第二次浇水，水量要足。在夏季，更要做到每天浇水，常绿树木喷水尤为重要，要保持二、三级分叉以下树干湿润。

2.树干包扎

用草绳将树干包扎起来，夏季既可使树干减少水分蒸腾，保持一定湿度，又可避免树干灼伤；冬季可起到防寒保暖的作用。

3.地面覆盖

用稻草、树皮等物覆盖，夏季可降低地表温度，冬季可保暖，这对促进根部恢复与生长是极为重要的。

4.搭棚遮阳

夏季时可使用遮阳网。上午遮上荫棚顶部，以减少日光灼射；黄昏时分卷起荫棚，以便于植物叶片吸收露水。

5.激素处理

适当采用赤霉素进行根外喷施或树干吊挂，以促进生根和刺激植株生长。

第三节　园林树木栽植的程序

一、整地与土壤改良

（一）土壤类型与特性分析

土壤类型与特性分析是园林树木栽培过程中的重要环节，因为不同类型的土壤对树木的生长产生不同的影响。为了确保树木的健康生长，对土壤类型和特性的分析是必不可少的。

1.分析土壤的类型

土壤类型通常根据其颗粒大小、肥力等特征进行划分。常见的土壤类型包括沙土、黏土和壤土等。每种土壤类型都有其特点。例如，沙土透气性好，但保水能力较差，适合种植需水较多的树木；黏土保水能力强，但透气性差，适合种植耐旱的树木。

2.分析土壤的理化性质

土壤的理化性质包括土壤的酸碱度、有机质含量等。土壤的理化性质影响树木的生长。例如，酸性土壤适合种植杜鹃、茶树等喜酸植物，而碱性土壤则适合种植沙枣、胡杨等耐碱植物。有机质含量高的土壤肥力较高，有利于树木生长。

3.分析土壤的质地和结构

土壤的质地决定了土壤的松紧度和肥力。疏松的土壤有利于根系生长和氧气供应，紧密的土壤则容易造成根系窒息。结构良好的土壤透气性好，有利于树木生长。

（二）整地要点

在园林树木的栽植过程中，整地是基础且至关重要的环节。通过对种植区域的地形、土壤结构、水文条件等进行综合分析和评估，采用适当的整地方法，为树木提供良好的生长环境。

根据园林设计的要求，合理规划种植区域，清除杂草、石块，为树木生长创造一个整洁的环境。对于土壤贫瘠的区域，需要进行土壤改良，如添加有机肥料、客土等，以提高土壤肥力。要结合具体的气候、土壤条件以及树木特性等因素，选择合适的整地方法。例如，对于大型乔木，需要挖掘较大的树穴，以满足根系生长的需求。

在整地过程中，要注重保护原有植被，避免破坏生态环境。同时，根据地形变化，合理设置排水系统，防止积水对树木生长造成不利影响。对于坡地，要采取水土保持措施，如修建梯田、拦水坝等，防止水土流失。

一般而言，春季和雨季是较好的整地时期，此时土壤较为湿润，有利于翻耕和改善土壤结构。同时，这个时期也是树木种植的最佳时机。另外，为了提高树木的抗逆性，可以在整地过程中进行预处理。例如，在种植前，适度修剪苗木，去除部分枝叶，以减少水分蒸发和养分消耗，提高其适应能力。

值得注意的是，在整地过程中应注重可持续发展，避免过度使用机械，尽量采用人工整地的方式，以减少对环境的破坏。对废土、废水的处理，应遵循环保原则，避免对周围环境造成污染。

（三）土壤改良的方法与材料选择

土壤改良是园林树木栽培中的重要环节，旨在改善土壤的物理、化学和生物性质，使其更适宜树木生长。土壤改良的方法主要分为物理改良和化学改良。

物理改良主要是通过改善土壤结构、提高土壤的排水能力来实现。常用的方法包括深耕、施肥、客土改良等。深耕可以改善土壤的通气性，提高土壤的保水能力；施肥可以补充土壤中的营养元素，提高土壤肥力；客土改良则是将肥沃的土壤或适合树木生长的土壤覆盖在原土地上，以改善土壤的理化性质。

化学改良主要是通过调节土壤的酸碱度、增加土壤有机质含量和改善土壤结构来实现。常用的方法包括施用酸性肥料、碱性物质和有机物质等。施用酸性肥料可以降低土壤的 pH 值，提高树木对营养元素的吸收能力；施用碱性物质可以提高土壤的 pH 值，使土壤更适合某些树木生长；施用有机物质可以增加土壤有机质含量，提高土壤肥力。

在选择土壤改良的材料时，需要考虑其理化性质、来源和经济性。一些常用的土壤改良材料包括蛭石、珍珠岩、草炭土、腐叶土等。这些材料具有较好的透气性、保水能力和养分供应能力，对树木生长有良好的促进作用。同时，选择土壤改良材料时还需考虑其来源和经济性，以确保土壤改良的可持续性。

二、定点放线与树穴准备

（一）定点放线

在园林树木的栽植过程中，定点放线是关键的环节之一。通过确定树木的位置，确保树木按照设计意图种植，以提升整体景观效果。

定点放线的方法有多种，常见的方法包括网格法、交汇法、平板仪法。网格法是根据设计图纸上的比例尺，在现场按比例画出网格，然后根据网格确定树木的位置。交汇法则是利用多个已知的控制点，通过测量距离，确定树木的位置。平板仪法则是利用平板地形图和极坐标法确定点位，适用于较为复杂的场地。

定点放线时，选择合适的工具对提高效率和精度至关重要。常用的工具有皮尺、线坠、木桩、记号笔等。皮尺用于测量距离，线坠用于确定垂直线或水平线，木桩用于标记中心点，记号笔则用于书写相关标识。

在定点放线的过程中，应注意精度，确保标记明显、准确，以便后续的树穴准备和树木种植工作。同时，应定期核实定位点，以避免误差积累和影响整体景观效果。

（二）树穴准备

1.树穴的规格与深度

在园林树木的栽植过程中，树穴准备是定点放线后的关键步骤之一。树穴的规格与深度对树木的生长具有重要影响。因此，确定树穴的规格和深度，是提高树木生长质量的重要措施。

树穴的规格应根据树木的大小和生长需求来确定。一般来说，大型乔木需要较大的树穴，以提供足够的空间供其根系生长；小型灌木或地被植物则需要较小的树穴。在特殊情况下，如土壤质量较差或根系生长受限时，可以适当加大树穴规格，以改善树木的生长环境。

树穴的深度应考虑树木根系的生长需求。一般来说，树穴的深度应略深于根系的自然深度，以利于根系生长和水分吸收。对于浅根性植物，树穴深度可适当浅一些；对于深根性植物，则需要较深的树穴。同时，树穴深度还应考虑土壤质地和地下水位。在地下水位较高的地区，树穴深度应适当增加，以保证树木的稳定性。

树穴的形状和尺寸也是需要考虑的因素。常见的树穴形状有圆形、方形和矩形等。圆形和方形树穴有利于根系自由生长，而矩形树穴则便于施工和维护。在确定树穴的尺寸时，应综合考虑树木种类、土壤条件和生长环境等因素，以确保树木根系能在树穴内健康生长。

值得注意的是，在实际操作中，应根据具体情况灵活调整树穴规格和深度。例如，在城市绿化中，由于空间限制和施工条件等因素，可能需要采用较小的树穴或特殊形状的树穴。

2.树穴的土壤处理与回填

树穴内的土壤质量直接关系到树木生长发育，因此对土壤进行合理的处理和回填，是提高树木生长质量的重要措施。

在挖掘树穴时，可能会遇到石块、砖块等杂物，应清除干净这些杂物，以免影响树木生长。同时，对贫瘠的土壤进行换土或改良，以提高土壤肥力和透气性。

一般来说，在回填土时，深度应略高于原有地面，以防止树木下沉或积水；应分层夯实，确保土壤紧密，以增加根系的生长空间和稳定性，利于根系的生长和固定。

回填土的排水问题也是需要考虑的。在回填土时，可在树穴周围设置排水管，防止土壤积水。同时，应注意防止地下水位过高对树木生长造成不利影响。对地下水位较高的地区，可采用抬高地面的方法降低地下水位。

此外，在处理和回填树穴的土壤时，还应注意保护树木的根系和枝干，避免造成根系或枝干损伤，影响树木生长发育。同时，应根据具体情况选择合适的土壤处理和回填方法，以保护树木的生长环境。

三、选苗

苗木的生长状况受生长环境的影响很大，同一品种、同龄的苗木质量也会相差很大。为确保绿化栽植质量，苗木的选择尤为重要，所选苗木应根系发达、无检疫性病虫害，并符合设计要求的规格。不同类型苗木的质量具体要求如下：

（一）乔木

树干挺直，树冠完整，生长健壮，无病虫害，根系发育良好。其中，阔叶树树冠要茂盛；针叶树叶色苍翠，层次分明；雪松、龙柏等不脱脚。具体选用的乔木规格，胸径在 10 cm 以下，允许偏差±1 cm；胸径在 10～20 cm，允许偏差±2 cm；胸径在 20 cm 以上，允许偏差±3 cm。高度允许偏差±20 cm，蓬径允许偏差±20 cm。

（二）灌木

树姿优美，树冠圆整，生长健壮，无病虫害，根系茂盛。其中，发枝力较弱的树种，枝不在多，要有上拙下垂、横欹、回折、弯曲等势，观赏性强；长绿树种，树冠要丰满。具体选用的灌木规格，高度允许偏差±20 cm，蓬径允许偏差±10 cm，地径允许偏差±1 cm。

四、起苗与运输

（一）起苗工具与方法的选择

在园林树木的栽植过程中，起苗是关键的环节之一。起苗是将树木从原生长地移至新的种植地点。起苗的质量直接关系到树木的生长质量和成活率，因此，选择合适的起苗工具与方法至关重要。

起苗工具的选择应根据树木的大小、根系状况和土壤条件等因素确定。常用的起苗工具有锹、铲、锄等。小型苗木可以用锹或铲挖掘，大型苗木则需要用锄或其他专业工具挖掘，在挖掘过程中，应注意保护根系，避免根系损伤。

常用的起苗方法有裸根起苗和带土球起苗两种。裸根起苗适用于休眠期的树木，方法简单，但需注意保护根系；带土球起苗适用于常绿树种，能够保护根系不受损伤，提高树木的成活率。带土球起苗应注意土球的规格和紧实度，避免土球松散。

在起苗过程中，应注意以下几点：一是要选择适宜的起苗时间，通常在树木休眠期进行；二是要避免损伤根系；三是要根据树木种类选择合适的包装和运输方式。

（二）树木挖掘与修剪处理

挖掘是为了将树木从原生长地移出，而修剪处理则是为了提高树木的成活率及生长质量。

在挖掘树木时，应注意保护树木的根系和主干。对于珍贵树种，应采用带土球挖掘的方法，以减少根系损伤。土球的大小应根据树木种类而定，一般来说，土球直径为树干直径的 6～8 倍。在挖掘过程中，应避免损伤根系，以免影响树木的成活率。

挖掘后，应对树木进行修剪处理。修剪的目的是减少树木的水分蒸发和养分消耗，同时提高树木的美观度。修剪时，应根据树木的种类、生长环境和观赏需求确定修剪的程度和方法，应保持剪口平滑，避免损伤树皮或造成裂口。对于常绿树，一般只进行简单的修剪，去除枯枝和病枝；对于落叶树，则可以适当重剪，以促进新枝生长。

（三）树木包装与运输要点

包装是起苗后的重要步骤。包装的主要目的是保护树木不受损伤，同时防止水分散失。一般选用保湿性能好、通透性强的材料，如草绳、麻布等。对于带土球的树木，应用木箱、竹筐或塑料箱包装，以确保树木在运输过程中的稳定性。包装时，应注意保持土球完整，避免土球松散或破裂。同时，应对树木进行固定，防止树木在运输过程中晃动或滑动。

在运输过程中，应确保树木的稳定性，避免树木损伤和水分散失。短途运输可以用普通的货车或平板车；长途运输则应用专门的树木运输车。在运输过程中，应保持车速平稳，避免急加速或急刹车，以免损伤树木。同时，应注意保持车厢内的湿度和温度适宜，防止树木脱水或受冻。

在运输过程中，还应定期检查树木的状态，如发现异常应及时处理。对于土球松散的树木，应及时加固包装或重新包装。同时，应注意保护树木的枝叶和花朵，避免损伤。

到达目的地后，应及时卸车并安置好树木。卸车时，应轻拿轻放，避免损伤树木。安置时，应注意保持树木的位置稳定，同时做好支撑和固定工作，防止树木倾倒或滑动。

五、移植修剪

（一）移植修剪的目的

移植树木时，不可避免地会损伤一些根系，为使树木成活，必须适当剪去地上部分的一些枝叶，以减少水分蒸腾，保持地上部分、地下部分水分代谢的平衡，因此，移植修剪也叫平衡修剪。移植修剪时，应剪去病虫枝、枯枝以及在移植过程中损伤的枝叶。此外，还要注意整形，使树木长成预想的形态，以符合设计要求。

（二）移植修剪的原则

修剪应依据树种在绿地中的作用，以及树木本身的生物学特性进行。

具有明显中央领导干的树种，如雪松、广玉兰、水杉等，应尽量保持中央领导干的优势；中央领导干不明显的树种，如香樟、槐、合欢等，可采用疏枝结合短截的方式进行修剪。

具有主干的灌木，其修剪方式可参照乔木；丛生灌木采用疏枝结合短截的方式进行修剪，多剪老枝，保留新枝，维持树冠内高外低、外密内稀的状态。

（三）移植修剪量

移植修剪量应根据树种、根系、移植季节确定。

移植修剪落叶乔木，一般保留至三级分叉，若有过多的骨架枝及二、三级分枝，则可适当疏剪，保留的枝条也可视情况短截，但不能损坏原有树形。迎春、金钟花等丛生灌木，萌芽力强、枝条多，不仅可大量疏剪，留下的枝条还可大量短截；相反，白玉兰、鹅掌楸、红枫等树种，萌芽力弱、枝条少，则不能重剪，有的甚至可以不剪。

落叶树木在非正常移植季节移植时，需要加大修剪量，有时只保留一级主枝，这是为了维持其生命力而不得已的做法。一般情况下，应尽量避免在非正常移植季节移植树木。

常绿树种的移植修剪，以不损坏原来的树形为准，修剪量一般是原有枝叶的 1/4～1/3；若在夏季移植，则不得不加大修剪量，应剪去原有枝叶的 2/3 左右。顶端优势明显的常绿树，如广玉兰，则一般只需要疏剪，不用短截；分枝较多的常绿树，如香樟，应尽量打去嫩梢，保留老叶。

六、栽植

（一）树木的栽植方法确定

根据树木的种类和生长环境，选择适宜的栽植方法。常用的栽植方法有裸根栽植法和带土球栽植法两种。裸根栽植法适用于根系再生能力强的树种，如杨树、柳树等。这种方法操作简便，但需注意保护根系。带土球栽植法适用于珍贵树种或根系较弱的树种，如松柏、杜鹃等。这种方法能够保护根系，提高树木成活率，但操作较复杂。

栽植方法的确定还需要考虑季节因素。春季是大部分树木的最佳栽植季节，此时，树体处于休眠状态，生理代谢缓慢，水分蒸发少，栽植后容易成活；夏季气温高，水分蒸发快，树木易失水，栽植难度较大；秋季气温逐渐降低，土壤湿度适宜，有利于根系生长，是次佳的栽植季节；冬季则气温低、土壤干燥，栽植难度较大。

栽植方法的确定还需要考虑不同地区的气候条件、土壤质量、水源状况等。例如，在干旱地区需采取保水措施，而在潮湿地区则需注意排水防涝。

（二）树木的栽植深度与角度调整

栽植深度的确定应依据树木的种类和生长环境。一般来说，大多数树木的栽植深度应与原生长地土壤深度相符，这样有利于树木生长。对于一些深根性树种，如榕树、樟树等，栽植深度应适当深一些，以利于根系伸展；对于一些浅根性树种，如杜鹃、茶花等，栽植深度则应适当浅一些，以免根系生长受阻。在栽植过程中，应注意保持土壤松软、透气性良好，避免根系受到挤压。

栽植角度的调整应根据树木的生长特性和景观需求而定。合适的栽植角度有利于树木生长。对于一些高大挺拔的树种，如松树、杉树等，栽植角度应与树干垂直；对于一些需要形成特定景观效果的树木，如景观树、庭荫树等，栽植角度则应根据设计要求进行调整，以达到最佳的景观效果。在栽植过程中，应注意保持树木的自然形态，避免改变树木原有的生长特性。

栽植深度与角度的调整还需要考虑土壤质量、地下水位等因素。对于土壤质量较差或地下水位较高的地区，应适当增加栽植深度，以减少水分蒸发和土壤侵蚀；对于地下水位较低的地区，则可以适当减小栽植深度，以利于根系生长和水分吸收。

（三）填土与夯实

填土是树木栽植过程中的重要步骤。填土时，应选择适宜的土壤，一般以透气性好、肥沃、疏松的土壤为佳。填土应分层进行，每一层填土厚度以10～20厘米为宜。填土时，要确保土壤与树木根系充分接触，避免出现空隙，这有利于根系生长和水分吸收。在填土过程中，还需要注意保护树木的根系，避免损伤。

夯实是填土后的必要步骤。夯实能够使土壤紧密结合，提高土壤的稳定性。夯实时，应注意力度适中，避免对树木根系造成损伤或使土壤过于紧实。在夯实的过程中，应不断检查树木的稳定性和垂直度，确保其生长状态良好。

填土与夯实还需要注意以下几点：一是要控制好填土的深度和夯实程度，

避免对树木的根系造成过大的压力；二是要注意土壤的排水性能，防止积水浸泡根系；三是要根据树木的种类和生长环境选择适宜的填土与夯实方式，以确保其正常生长。

随着科技的不断发展，一些智能化的监测设备用于填土与夯实操作中。例如，利用传感器监测土壤湿度和压实度，利用无人机监测土壤质量等。这些新设备的应用将进一步提高园林树木栽植的技术水平和管理水平。因此，在实际工作中，相关人员应不断学习新的技术与方法，以推动园林树木栽植技术的不断发展和进步。同时，也应该注重树木栽培的社会效益和生态效益，积极推广可持续发展的园林栽培理念，为创造良好的生态环境作出贡献。

（四）树木的固定与支撑

常用的树木固定与支撑方法有木桩支撑法、金属支架法、拉索固定法等。木桩支撑法适用于一些小型树木或需要短期固定的树木，其优点是操作简单、成本低廉；金属支架法适用于一些高大挺拔的树木或需要长期固定的树木，其优点是强度高、稳定性好；拉索固定法适用于一些枝干柔软的树木或需要防止风吹的树木，其优点是能够抵抗极端天气。

在选择树木的固定与支撑方法时，应注重实用性和美观性。实用性是指固定与支撑应能够有效地保持树木的稳定性，防止其受到外力的侵害；美观性是指固定与支撑应与周围环境相协调，不影响景观效果。

此外，树木的固定与支撑还应注意以下几点：一是要避免对树木的根系和枝干造成损伤或压迫；二是要定期检查固定与支撑的状况，避免对树木的生长造成不良影响。

（五）灌溉与排水系统的设置

灌溉系统的设置应根据园林布局、地形、土壤质地、气候条件等因素综合考虑。例如，大面积的园林通常采用主管道和支管道相结合的方式，将水源均匀分布到各个区域。灌溉方式包括喷灌、滴灌、渗灌等，应根据实际情况选择合适的灌溉方式。例如，喷灌适用于大面积的草坪或灌木，而滴灌则适用于需水量较大的树木或盆栽植物。此外，灌溉时间的选择也十分重要，应根据季节、气候和土壤湿度等因素确定。

排水系统的设置同样重要。良好的排水系统能够有效避免水涝对树木生长的影响。排水方式包括明沟排水、暗沟排水、地面排水等。在道路两侧或低洼地带，通常采用明沟或暗沟排水；在平坦的园林区域，则可采用地面排水。排水系统应与灌溉系统相互配合，确保水流畅通，避免积水问题的发生。

灌溉与排水系统的维护与管理也是十分重要的。工作人员应定期检查管道是否堵塞、喷头是否正常工作、水泵是否正常运行等，确保灌溉与排水系统正常运行。

第四节　大树移植

一、大树移植的作用

大树移植通常是指对胸径在 20 cm 以上的落叶乔木或胸径在 15 cm（或高度 6 m）以上的常绿乔木进行移栽的过程。

大树移植的作用有以下几点：

（一）满足短期增绿、快速造景的需求

在园林绿化建设中，大树移植可在短时间内改变一个区域的自然面貌，较快地实现"乔、灌、草"的多层植物群落结构，营造出较好的景观效果，让城

市居民提前享受到大树带来的生态效益和景观效益。

（二）满足古树名木转移、保护的需求

在道路建设和老城区改造等城市建设项目中，为了保护大树甚至古树名木等生态资源，有时不得不采取大树移植的技术措施，即在建设动工前将其移植出原生地，转移到其他地方以利于保护。

（三）满足园林造景的艺术需求

在园林规划设计中，为了形成符合设计审美要求的树形、树态，往往需要某种规格、造型的树木，这就需要从异地移植，经过一定时期的培育之后，达到园林造景的艺术要求。

（四）满足苗圃的生产需求

在苗木生产过程中，为了节约苗圃用地，苗圃中的苗木一般是密植。长到一定规格后，相互拥挤的苗木不但会影响生理状态，而且会影响树形、树态，这时需要对过大树进行移植，使其有较大的生长空间。

二、大树移植的特点

（一）移植成活困难

第一，大树树龄大、阶段发育程度深，细胞的再生能力下降，在移植过程中被损伤的根系恢复慢。

第二，树体在生长发育过程中，根系扩展范围不仅远超出树冠水平投影范围，而且扎入土层较深，挖掘后的树体根系在一般带土范围内包含的吸收根较少，近干的粗大骨干根木栓化程度高，萌生新根能力差，移植后，新根形成缓慢。

第三，大树形体高大，根系距树冠距离远，在水分的输送上有一定困难；而地上部分的枝叶蒸腾面积大，移植后根系水分吸收与树冠水分消耗之间的平衡失调，如果不能采取有效措施，就会导致树体失水枯亡。

第四，大树移植需带的土球重，土球在起挖、搬运、栽植过程中易破裂，这也是影响大树移植成活的重要因素。

（二）移栽周期长

为保证大树移植的成活率，一般要求在移植前的一段时间就做移植处理，从断根缩坨到起苗、运输、栽植以及后期的养护管理，移栽周期少则几个月，多则几年，每一个步骤都不容忽视。

（三）工程量大、费用高

大树树体规格大、移植的技术要求高，单纯依靠人力无法解决，往往需要动用多种机械。另外，为了确保移植成活率，移植后必须采用一些特殊的养护管理技术与措施，因此在人力、物力、财力上都消耗巨大。

（四）绿化效果快速、显著

尽管大树移植有诸多困难，但若能科学规划、合理运用，则可在较短的时间内显现绿化效果，较快发挥城市绿地的景观功能，故在现阶段的城市绿地建设中应用较多。

三、大树移植的季节

大树移植最好在适宜移植的季节进行。落叶树一般在 3 月移植，常绿树应在树木开始萌动的 4 月上旬移植。无论是常绿树还是落叶树，凡没有在以上时间移植的树木均以非正常移植对待。

大树移植一般所带土球规格比较大，在施工过程中如果按照执行操作规程严格进行，并注意栽植后的养护管理，按理说在任何时间都可以进行大树移植工作。但在实际操作过程中，最佳移植时间是早春，因为随着天气变暖，树液开始流动，树木开始生长、发芽，如果在这个时间挖苗，不仅对根系损伤程度较小，而且有利于受伤根系愈合生长；苗木移植后，经过从早春到晚秋的正常生长，移植过程中受到伤害的部分也完全恢复，有利于树木抵抗严寒，顺利过冬。

在春季，树木开始发芽而树叶还没有全部长成以前，树木的蒸腾作用还未达到最旺盛时期，此时采取带土球技术移植大树，尽量缩短土球在空气中暴露的时间，并加强栽后养护工作，也能提高大树移植的成活率。

盛夏季节，树木蒸腾量大，在此季节移植大树往往成活率较低，必要时可采取修剪、遮阴等措施，减少树木的蒸腾量，这样也可以保证大树的成活率，但花费较多。

在南方的梅雨季节，空气中的湿度较大，这样的环境有利于带土球移植一些针叶树种。深秋及初冬季节，从树木开始落叶到气温不低于−15℃这一段时间，也可以进行大树移植工作。虽然在这段时间，大树地上部分已经进入休眠期，但地下根系尚未完全停止活动，移植时损伤的根系还可以利用这段时间愈合，为第二年春季发芽创造有利条件。南方地区，特别是那些湿度较大的地区，一年四季均可进行大树移植工作。

四、大树移植的原则

（一）树种选择原则

1.树种移栽成活易

大树移植的成功与否取决于树种选择是否得当。我国的大树移植经验表明，不同树种在移植成活难易上有明显的差异，最易成活的树种有杨树、柳树、梧桐树、悬铃木、榆树、朴树、银杏、臭椿、槐树、木兰等，较易成活的树种有香樟、女贞、桂花、厚皮香、广玉兰、七叶树、槭树、榉树等，较难成活的树种有马尾松、白皮松、雪松、圆柏、侧柏、龙柏、柳杉、槲树、楠木、山茶、青冈栎等，最难成活的树种有云杉、冷杉、金钱松、胡桃、桦木等。

2.树种生命周期长

大树移植的成本较高，如果选择寿命较短的树种进行移植，那么无论是从生态效应上还是从景观效果上，树体不久就进入"老龄化阶段"。而那些生命周期长的树种，即使选用较大规格的树木，仍可经历较长时间的生长，充分发挥其绿化功能。

（二）树体选择原则

1.树体规格适中

大树移植，并非树体规格越大越好、树体年龄越老越好。特别是古树，树龄较长，已依赖于某一特定生长环境，其生长环境一旦改变，就可能死亡。研究表明，若不采用特殊的管护措施，一株直径为 10 cm 的树木，在移植后 5 年其根系能恢复到移植前的水平；而一株直径为 25 cm 的树木，移植后需 15 年才能使根系恢复。同时，移植及养护的成本也随树体规格增大而迅速攀升。

2.树体年龄青壮

大多树木，当胸径在 10~15 cm 时，正处于树体生长发育的旺盛期，其环境适应性和树体再生能力较强，移植后树体恢复需要的时间短，移植成活率高，易成景观。一般来说，树木到了壮年期，其树冠发育成熟且较稳定，最能满足景观设计的要求。一般慢生树种应选 20～30 年生，速生树种应选 10～20 年生，中生树种应选 15 年生。一般乔木树种，以树高 4 m 以上、胸径在 15～25 cm 的树木最为合适。

（三）就近选择原则

树种不同，其生物学特性也有所不同，对土壤、光照、水分和温度的要求不一样，移植后的环境条件应尽量和树种的生物学特性及原生地的环境条件相符。例如，柳树、水杉等适宜在近水地生长，云杉适宜在背阴地生长，油松则适宜在向阳处栽植。而园林绿化中需要栽植大树的环境条件一般与自然条件相差甚远，选择树种时应格外注意。因此，移植大树时，应根据栽植地的气候条件、土壤类型，以乡土树种为主、外来树种为辅，坚持就近选择的原则，尽量避免远距离调运大树。

（四）科学配置原则

由于大树移植能起到突出景观和强化生态的效果，因此要尽可能把大树配置在主要位置，配置在景观生态最需要的部位，以及能够产生良好景观效果的地方。在公园绿地、居住区绿地等处，大树适宜配置在入口、重要景点、醒目地带作为点景用树，或成为构筑疏林草地的主要成分，或作为休憩区的庭荫树。切忌在一块绿地中过多地应用过大的树木，因为在目前的栽植水平与技术条件下，为确保移植成活率，必须采取强度修剪的方法，大量自然冠型遭到损伤的树木集合在一起，景观效果未必理想。大树移植是园林绿地建设中的一种辅助手段，主要起锦上添花的作用。绿地建设的主体应是采用适当规格的乔木与大量的灌木及花、草的组合，模拟自然生态群落，增强绿地生态效应。

（五）科技领先原则

为有效利用大树资源，确保移植成功，应充分掌握树种的生物学特性和生态习性，根据不同的树种和树体规格，制定相应的移植与养护方案，选择移植技术成熟的树种，应用现有的先进技术，降低树体水分蒸腾、促进根系萌生、恢复树冠生长，最大限度地提高移植成活率。

（六）严格控制原则

移植一株大树的费用比种植同种类中小规格树的费用要高十几倍，甚至几十倍，移植后的养护难度更大。移植大树时，要对移植方案进行严格的科学论证，移什么树、移植多少，必须精心设计。一般而言，大树的移植数量最好控制在绿地树种种植总量的 5%～10%。大树来源更需严格控制，必须以不破坏自然生态为前提，最好从苗圃中采购。因城市建设而需搬迁的大树应妥善安置，以作备用。

五、大树移植前的准备

随着城市建设快速发展和园林绿化水平不断提高，大树移植越来越普遍地应用于改善城市生态环境、提高城市绿化质量等方面。但由于大树树龄长、主根发达、原生长地与移植地立地条件的差异、在采挖过程中根系受伤和树体失水、养护管理不到位等，大树移植成活率不高，因此在大树移植前要做好充分的准备。

（一）制定移植方案

由于大树的树龄大、根深、干高、冠大、水分蒸发量大，给移植成活带来很大困难，因此为了保证大树移植后的成活率，应在大树移植前制定科学的方案，其内容包括以下几个方面：

①调查栽植地的地形、交通、土壤、地下水位和地下管线等情况；

②调查移植大树的具体情况；

③具体的移植程序，包括施工进度、断根缩坨时间、栽植时间、移植方法、运输和装卸、定植和养护等；

④保护措施，包括根系保护、运输保护、后期养护管理等。

（二）选树

为保证移植工作按期进行，选树工作应在施工前的 2～3 年进行。选树工作一般包括对可供移植的大树的实地调查，包括对树种、年龄、树高、干高、胸径、冠幅、树形、树势等进行测量，注明最佳观赏面的方位；调查树木产地与土壤条件、交通路线有无障碍物以及所有权等情况，判断是否适合挖掘、包装、吊运，分析存在的问题，提出解决办法，办好准运证和检疫证等；对选中的树木标记出树冠原来的南北方向，以便栽植时保持原方位不变。另外，树木的品种、规格要分别登记、编号以便进行移植分类。

移植的大树一般应符合以下要求：

①适地适树，应尽量选择适应性强、特色突出的乡土树种；

②选用生长势强、无病虫害和机械损伤的青壮龄大树；

③选择树姿优美、观赏价值高、符合设计要求的大树。

（三）断根缩坨

断根缩坨也称回根、盘根或切根。定植多年或野生的大树，特别是胸径在30 cm 以上的大树，应先进行断根缩坨处理，利用根系的再生能力，促使主要的吸收根系回缩到主干根基附近，并促进其生成大量的侧根和须根，从而提高大树移植的成活率。

在大树移植前 1～3 年的春季和秋季，以树干为中心，以 4～6 倍胸径尺寸为半径画圆或正方形（软材包扎为圆形、硬材包扎为正方形），将圆形分成六等份或正方形分成东、西、南、北四等份。第一年的春季或秋季先在相对的两面向外挖两条沟，沟宽 30～40 cm、深 50～80 cm；挖掘时，若遇到较粗的根，不可用斧子劈砍，应用锋利的修枝剪或手锯切断，使切口光滑，并使之与沟的内壁齐平，断根断面应用硫黄粉和生根剂按 2∶1 的比例调成糨糊状涂抹到伤口上。若遇直径在 5 cm 以上的粗根，为防大树倒伏一般不切断，而于土球外壁处行环状剥皮（宽约 10 cm）后保留，并在切口处涂抹生长素，以促发新根。沟挖好后，用拌和着基肥的培养土填入并夯实，定期浇水。必要时，在断根前设置支撑保护，防止树倒。第二年的春季或秋季，在另外相对的两面用同样的方法进行挖掘。第三年断根处长满了须根即可移植，移植时应尽量保护须根。

（四）修剪

为减少水分蒸发，保持树势平衡，移植前需修剪树冠，修剪方法和强度应根据树种、树冠生长情况、移植季节和绿化功能来确定。萌芽力强的、树龄大的、叶片稠密的应重剪，萌芽力弱的宜轻剪。从修剪程度看，可分为全株式修剪、截枝式修剪和截干式修剪三种。全株式修剪原则上保持树木原有树形，只将徒长枝、交叉枝、病虫枝及过密枝剪去，栽后树冠恢复快、绿化效果好。此法适用于萌芽力弱的树种，如雪松、广玉兰等。截枝式修剪只保留树冠的一级分枝，将其上部截去，要求剪口平滑整齐，不撕裂树皮。此法适用于萌芽力强的树种，如香樟、女贞等。截干式修剪将树木的整个树冠截去，只留一定高度的高干，由于截口较大易引起腐烂，应将截口用蜡或沥青封口，也可用塑料薄膜包裹。此法适用于生长迅速、萌芽力很强的树种，如悬铃木、国槐等。

（五）挖树准备

挖掘前 2～3 天于树根处灌水，一方面，能使大树的根系和树干贮足水分弥补移栽过程中的吸水不足；另一方面，土壤灌水后易挖掘，能够保护土球在运输过程中不易开裂。此外，在挖掘前 1 天用草绳包扎树干，可起到保湿和防止机械损伤的作用。常绿树树冠应用绳子收拢，收冠时在大枝和收冠绳索的接触部位垫上柔韧物，以免损伤树体。为防止挖掘时树体倒伏，在挖掘前应对大树进行支撑保护。

（六）种植穴挖掘

挖掘大树前，应确定种植穴的位置，并根据大树的规格挖好种植穴。种植穴的大小、形状、深浅应根据移植树木的规格、土球大小、形状来确定，且必须预留出穴内操作的必要空间。此外，应准备足够的回填土和适量的有机肥。

六、大树移植的方法

（一）带土球软材料包装法

带土球软材料包装法适用于移植胸径在 15 cm 左右的大树，土球直径不超过 1.3 m 时可用软材料包装。具体操作流程如下：

1.挖掘

起掘前，先要确定土球直径。实施过缩坨断根的大树土坨内外生了较多新根，尤以坨外为多，因此，起掘时，所起土球大小应比断根坨再向外放宽10～20 cm；未经缩坨断根处理的大树，应以地径 2π 倍或胸径 7～10 倍为土球直径。为减轻土球重量，应将表层土铲除 10 cm 左右，以见侧细根为度，再自根茎处向外逐渐加深铲除表土厚度，形成一定坡度。以树干为圆心，在挖树范围外开沟，沟要垂直挖掘，上下宽窄一致，沟宽以操作方便为宜，遇大根要用利铲铲断或手锯锯断，切忌将根划裂。到掘起土球要求的厚度（一般为土球直径的 2/3）时，用预先湿润过的麻绳扎土球腰箍，两人合作，边扎边用砖块敲打麻绳，以绳略嵌入土球为度，并使每圈麻绳紧靠，总宽度达土球厚度的 1/3

（约 20 cm）时，再系牢。随后，在腰箍下约 10 cm 处，以 45°角收底，直至留下 1/5～1/4 的护心土，再用预先湿润过的麻绳包扎土球。具体做法：先将麻绳一头系在树干（或腰箍）上，稍倾斜经土球底沿绕至对面，向上约于球面一半处经树干折回，顺同一方向按一定间隔绕满土球后，再绕第二遍，并与第一遍的土球面沿处的每道草绳整齐相压，至绕满土球后系牢；再于内腰箍的稍下部捆十几道外腰箍，然后将内外腰箍呈锯齿状穿连绑紧；最后，在树推倒方向的穴沿挖一斜坡，将树轻轻推倒，这样树干不会因碰到穴沿而受损伤。

2. 吊装、运输

大树装运前，应先计算土球重量，以便安排相应的起重工具和运输车辆。

在吊装和运输途中，关键要保护好土球，不使其破碎散开。吊装时，应事先准备好直径在 3～3.5 cm 的麻绳或钢丝绳，以及蒲包片、碎砖头和木板等。起吊绳必须兜底通过重心，收起浪风绳，树梢以小于 45°角的倾斜状挂在起吊钩上。为防止起吊时因重量过大而使起吊绳嵌入土球切断网络，造成土球破损，应在土球与绳索之间插入宽 20～100 cm 的厚木板。起吊时，如果发现有未断的底根，则应立即停止上吊，用利刃切断底根后方可继续。

起吊的土球装车时，土球向前、树冠向后放在车辆上，土球两旁垫木板或砖块，防止土球滚动；树身与车板接触处，必须垫软物并固定牢，以防晃动擦伤树皮；树冠不可与地面接触，以免运输途中树冠受损伤；最后，用绳索将树木与车身紧紧拴牢。

运输时，车上必须有人押运，遇电线等影响运输的障碍物，应采取措施避免触碰。路途远、气候过冷或过热时，树木根部必须盖草包等物。树木运到目的地后，必须检查树枝和土球损伤情况，以及土球大小与栽植穴大小是否一致。土球若松散漏底，则应在土球漏底的相应部位垒土，使树木吊入栽植穴后不致出现土壤空隙。卸车时的捆绳方法与起吊时的捆绳方法相同。按事先编号的位置，将树木吊卸在栽植穴内。

3. 栽植

事先在定植点上挖栽植穴，穴的直径比土球的直径大 40 cm，穴的深度与土球的直径相等。栽植穴必须符合规格，上下大小一致，遇有建筑垃圾及有害物质的土壤，必须清除垃圾，及时换土。

在挖好的栽植穴底部，先施基肥，并用土堆成 10～20 cm 高的小土堆，大树吊入穴时，使土球立在土堆上。吊树时，应使树体直立，慢慢将树放入穴内，并使树冠丰满的一面朝着主要观赏方向。树木入穴定位后，拆除麻绳及蒲包片等包装材料，若取球困难，可将麻绳及蒲包片剪断。然后，均匀填入细土，分层夯实。填土至穴 2/3 处时浇水，若发现有空洞，应及时填土捣实，待水渗下后，再加土至地面，做围堰、灌水。

地势较低处种植不耐水湿的树种时，应采取堆土种植法，即将土球的 4/5 入穴内，然后以高出地面的土球为中心，堆土成丘状，这样根系透气性好，有利于伤口愈合和萌发新根。

（二）带土方箱挖掘包装法

带土方箱挖掘包装法适用于移植胸径在 15～30 cm 或更大的树木。生长较弱、移植难度较大或非适宜季节移植的大树，则必须用硬材料包装法（即带土方箱挖掘包装法）移植。具体操作流程如下：

1.挖掘

起掘前，以树干为中心，按预定扩坨尺寸外加 5 cm 划正方形。未经缩坨断根处理的可按地径 2π 倍或以树木胸径的 7～10 倍，再加 5 cm 为标准划正方形，沿划线的外沿开沟，沟的宽度以操作方便为宜，沟深与留土台高度相等。接着，铲除疏松的表土，并把土台四壁铲平，遇粗根时要用手锯锯断，不可用铁锹硬铲，粗根的锯口应稍陷入土台表面，不可外凸。修平的土台尺寸稍大于边板规格，以保证箱板与土台贴紧，每一侧面都应修成上大下小的倒梯形，一般上下两边相差 10～20 cm，这样起吊时不会使土块全部集中在箱底，可使部分土块附着在四周箱壁上。然后，用四块特制的箱板紧贴土台四侧，并用钢丝绳或螺钉使箱板围紧土台，再将土台底部掏空，装上底板及面板，捆扎牢固。包装完毕后，可用钢丝绳围在木箱下部 1/3 处，粗绳系在树干（应垫物保护）

的适应位置起吊，使吊起的树略呈倾斜状。然后，装车起运。

2.栽植

在栽植地挖树穴，最好挖成正方形，边长比木箱长 50～60 cm，同时加深 20～25 cm，穴底施基肥，并堆一土堆。树吊入穴内后，放在土堆上扶正，并将姿态面朝主要视线。随后拆除底板，再拆除面板，开始填土，当土填至穴深的 1/3 处时，方可拆除四周箱板。

（三）裸根移植法

裸根移植法适用于移植容易成活、干径在 10～20 cm 的落叶乔木，如悬铃木、臭椿、梧桐、水杉、池杉等。大树裸根移植必须在落叶后至萌芽前当地最适季节进行。具体操作流程如下：

1.重剪

移植前，对树冠进行重剪。锯截粗枝应避免划裂，伤口应涂上保护剂，锯面应光滑平整，宜呈 45° 斜面。

2.挖掘

采用裸根法移植大树时，应以地径 2π 倍或以树木胸径的 7～10 倍为根系的直径范围，宜在此范围外开沟，沟的宽度以操作方便设定，一般为 60～80 cm。挖掘的深度应视根系情况而定，必须挖到根系分布层以下，遇粗根应用手锯锯断，不宜硬铲而引起划裂。挖倒大树后，用尖镐由根茎向外去土，注意少伤树皮和须根，特别是切根后新萌的嫩根。注意大树根部必须带护心土（宿土）。

3.装运

用机具装运树木时，应轻起轻放。运输途中，要保持根部湿润。

4.栽植

栽植穴应比根的幅度大 40 cm，将树木在运输过程中损伤的枝、根系略加修剪后栽植。穴底先施基肥，并堆一个约 20 cm 高的土堆，放树时将丰满的一面朝着主要观赏方向。树木到位后，用细土均匀地填入树穴，特别是根系空隙处，要仔细填满，填至一半时，将树干轻轻上提或摇动，使土壤与根系紧密结合，再夯实土壤并浇水，若发现冒气泡或快速渗水，要及时填土，直到土不再下沉、不冒气泡为止。待水下渗后，再加土至地面，即可做围堰、灌水。

裸根大树也可用灌浆法移植，即树木到位后，用细土均匀地填入树穴，边加水边用木棍捣成泥浆状，仔细填满，使土壤与根系紧密结合，直到土不再下沉、不冒气泡为止。

（四）大树移植机移植法

大树移植机是一种在卡车或拖拉机上装有四扇能张合的匙状大铲的移树机械。先用四扇匙状大铲在栽植点挖好坑穴，将铲张至一定大小向下铲，直至相互并合后，抱起倒锥形土块向上收并横放于车尾部，运到起树旁卸下。为便于起树操作，应预先把有碍操作的树干基部枝条锯除，用草绳捆拢松散的树冠。将大树移植机停在适合起树的位置，张开匙状大铲，在树干四周下铲，直至相互并合，收提匙状大铲，将树抱起，树梢向前，匙状大铲在后，横卧于车上，将车开到栽植点，直接对准放入已挖好的栽植穴内，随后填土，做围堰、灌水即可。

大树再生能力没有幼树强，移植后树体生理功能大大降低，树体常常因供水不足、水分代谢平衡被打破而枯萎、死亡。因此，大树移植后，为提高成活率，必须加强后期养护管理。

七、大树移植后的养护管理

（一）支撑

树木定植后，要用支架、防护栏作支撑，防止因根部摇动、根土分离而影响成活率。一般来说，支撑形式因地制宜。大树树体较大，支柱与树干相接部分要垫上蒲包片或棕丝，防止磨伤树皮。

大树的支撑形式应结合环境综合考虑，尤其是在园林绿地中更应考虑与环境的协调性，以及是否存在各种安全隐患等。一些绿地中移植的大树，如果支撑杂乱无章，则会影响整体的协调性，用钢丝绳作支撑影响则较小。

（二）围堰浇水

大树移植后应立即围堰浇水，灌一次透水，保证树根与土壤紧密结合，保持土壤湿润，促进根系发育。一般春季栽植后应视土壤墒情每隔 5～7 天浇一次水，连续浇 3～5 次。灌水后及时用细土封树盘或覆盖地膜保墒，防止表土开裂透风。在生长旺季栽植，因温度高、蒸腾量大，除定植时灌足饱水外，还要经常给移植树洒水和根部灌水。在夏季还要多给地面和树冠喷水，以增加环境湿度，降低蒸腾。移栽后第一年秋季，应追施一次速效肥，次年早春和秋季也至少施肥 2～3 次，以提高树体营养水平，促进树体健壮生长。浇水的方法也可以使用喷灌等，目前在大树移植过程中已经使用，效果较好，特别适用于雪松、香樟等常绿树种的移植。

（三）养护

大树移植后的精心养护是确保移植成活和树木健壮生长的重要环节，绝不可忽视。

1.地上部分保湿

新移植大树根系受损，吸收水分的能力下降，所以保证水分充足是确保树木成活的关键。除适时浇水外，还应根据树种和天气情况对树体进行喷水雾保湿或树干包裹。必要时，结合浇水进行遮阴。

（1）包裹树干

为了保持树干湿度，减少树皮水分蒸发，可用浸湿的稻草绳、麻包、苔藓等材料严密包裹树干和比较粗壮的分枝，从树干基部密密缠绕至主干顶部，再将调制的黏土泥浆糊满草绳，以后还可经常向树干喷水保湿。北方冬季用草绳或塑料条缠绕树干还可以防风防冻。上述包扎物具有一定的保湿性和保温性，经包干处理后，一可避免强阳光直射和热风吹袭，减少树干、树枝的水分蒸发；二可贮存一定量的水分，使枝干经常保持湿润；三可调节枝干温度，减少高温和低温对枝干的伤害。

（2）树冠喷水

树体地上部分，特别是叶面，易因蒸腾作用而失水，必须及时喷水保湿。喷水要求细而均匀，喷及地上各个部位和周围空间，为树体提供湿润的小气候环境。可采用高压水枪喷雾，或将供水管安装在树冠上方，根据树冠大小安装一个或数个喷头进行喷雾。该方法效果较好，但较费工、费料。有人采取"吊盐水"的方法，但喷水不够均匀，水量较难控制。大树抽枝发叶后，仍需喷水保湿。

（3）遮阴

在大树移植初期或高温干燥季节，要用荫棚遮阴，以降低棚内温度，减少树体的水分蒸发。在成行、成片种植，密度较大的区域，宜搭制大棚，该方法省材又方便管理。应全冠遮阴，荫棚上方及四周与树冠保持 50 cm 左右的距离，以保证棚内有一定的空气流动空间，防止树冠受日灼危害；保证遮阴度为 70% 左右，让树体接受一定的散射光，以确保树体能进行光合作用；之后，视树木生长情况和季节变化逐步去掉遮阴网。

2.水分与土壤管理

（1）控水、排水

新移植的大树，其根系吸水功能减弱，对土壤水分需求量较小。因此，只要适当保持土壤湿润即可，土壤含水量过大反而影响土壤的透气性能，抑制根系呼吸，对发根不利，严重的会导致烂根、死亡。为此，一方面，要严格控制浇水量，移植时第一次浇透水，以后视天气情况、土壤质地谨慎浇水，同时要慎防对地上部分喷水过多，致使水滴进入根系区域；另一方面，要防止树穴内积水，种植时留下浇水穴，在第一次浇透水后即应填平或略高于周围地面，以防下雨或浇水时积水。同时，要在地势低洼易积水处开排水沟，保证雨天及时排水，做到雨止水干。此外，要保持适宜的地下水位高度（一般要求 1.5 m 以下）。地下水位较高时，要排水；汛期水位上涨时，可在根系外围挖深井，用水泵将地下水排至场外，严防淹根。树种不同，对水分的要求也不同，如悬铃木喜湿润土壤，而雪松忌低洼湿涝，故悬铃木移植后应适当多浇水，而雪松雨季要注意及时排水。

（2）提高土壤的通气性

保持土壤良好的透气性有利于根系萌发。为此，一方面，要做好中耕松土工作，慎防土壤板结；另一方面，要经常检查土壤通气设施（如通气管或竹笼），发现堵塞或积水的，要及时清除，以保持良好的透气性能。

3.人工促发新根

（1）保护新芽

新芽萌发是新植大树成活的标志，更重要的是，树体地上部分的萌发对根系具有自然而有效的刺激作用，能促进根系的萌发。因此，在移植初期，要对重修剪的树体萌发的芽加以保护，让其抽枝发叶，待树体完全成活后再修剪。

在树体萌芽后，要特别加强喷水、遮阴、防病、防虫等养护工作，保证嫩芽、嫩梢的正常生长。某些去冠移植的大树，萌芽、萌蘖迅速且密集，应及时根据树形摘除部分较弱嫩芽、嫩梢，适当保留健壮的嫩芽、嫩梢，除去根部萌发的分蘖条，以免过多的嫩芽、嫩梢消耗水分和养分。

（2）生长素处理与根系保护

为了促发新根，可结合浇水加入 200 mg/L 的萘乙酸，促使根系提早发育。北方的树木，特别是带冻土移栽的树木，移栽后需要用泥炭土、腐殖土或树叶、秸秆以及地膜等对定植穴树盘进行土面保温，早春土壤开始解冻时，再撤除保温材料。

4.其他技术措施

新移植的大树抗性减弱，易受自然灾害、病虫害、人和禽畜危害，必须加强防范，具体要做好以下几项防护工作：

（1）防病防虫

新植树木抗病虫能力差，要根据当地病虫害发生情况随时观察，适时采取预防措施。坚持以防为主，根据树种特性和病虫害发生、发展规律进行检查，认真做好防范工作。一旦发生病情、虫害，要对症下药，及时防治。

（2）科学施肥

对新栽的树木进行施肥可以帮助树木尽快地恢复生长势。大树移植初期，根系吸肥能力低，宜采用根外追肥，一般半个月左右一次。用尿素、硫酸铵、磷酸二氢钾等速效肥料制成浓度为 0.5%～1% 的肥液，选早晚或阴天进行叶面喷施，遇雨天应重喷一次。根系萌发后，可进行土壤施肥，要求薄肥勤施，慎防伤根。

（3）夏防日灼，冬防寒

北方夏季气温高，光照强，珍贵树种移栽后应喷水雾降温，必要时应做遮阴伞；冬季气温偏低，为确保新植大树成活，常采用草绳绕干、设风障等方法防寒。长江流域许多地方新移植大树易受低温危害，应做好防冻保温工作，特别要重视热带、亚热带树种北移。

因此，在入秋后要控制氮肥，增施磷、钾肥，并逐步延长光照时间，提高光照强度，以提高树体及根系的木质化程度，提高树木的抗寒能力。在入冬寒潮来临前，可采取地面覆盖、设立风障、搭制塑料大棚等方法加以保护。

总之，新移植大树的养护方法、养护重点，因环境条件、季节、气候、树体的实际情况和树种的不同而有所差异，需要人们在实践中进行不断的分析、总结。只有因时、因地、因树灵活运用，才能收到理想效果。

第五章　园林树木的养护技术

第一节　园林树木的修剪

一、园林树木修剪的目的与意义

（一）园林树木修剪的目的

　　根据园林树木不同的生长与发育特性、生长环境和栽培目的，对其进行适当的修剪，具有调节树木长势，防止徒长，使营养集中供应给所需要的枝叶和促使开花结果的作用。修剪时，要讲究树体的造型，使叶、花、果所组成的树冠相映成趣，并与周围的环境配置相得益彰，以达到优美的景观效果，满足人们观赏的需要。

（二）园林树木修剪的意义

1.调节生长和发育

（1）促进和控制生长

　　园林树木在生长过程中因环境不同，生长情况各异。生长在片林中的树木，由于接受上方光照，因此向高处生长，主干高大，侧枝短小，树冠瘦长；相反，孤植树木，同样树龄同种树木，则树冠庞大，主干相对低矮。但在园林绿地中种植的花木，很多生存空间有限，如生长在建筑物旁或池畔的，为了与环境相协调，需借助人工修剪控制树木的高度和体量。当然，树木在地上部分的长势

113

还受根系在土壤中吸收水分、养分的影响，如种植在屋顶和平台上的树木，土层浅，养分、水分和空间都不足，可以剪掉地上部分不必要的枝条，控制体量，保证树木正常生长。

修剪具有"整体抑制，局部促进"和"整体促进，局部抑制"的双重作用。由于枝条位置各异，枝条生长有强有弱，往往造成偏冠，极易倒伏，因此要及早修剪，改变强枝先端方向，开张角度，使强枝处于平缓状态，以减缓生长或去强留弱。但修剪量不能过大，防止削弱生长势。具体是"促"还是"抑"，因树木种类而异，因修剪方法、修剪时期、树龄而异，既可促使衰弱部分壮起来，也可使过旺部分弱下去。

（2）促进开花结果

修剪可以调节养分和水分的运输，平衡树势，可以改变营养生长与生殖生长之间的关系，促进开花结果。正确修剪可使树体养分集中，使新枝生长充实，促进大部分短枝成为花果枝，形成较多的花芽，从而达到花开满树、果实满枝的目的。

2.形成优美的树形

从冠形结构来说，经过修剪的树木，各级枝序、分布和排列会更科学、更合理，各层的主枝分布有序、错落有致，各占一定方位和空间，互不干扰，层次分明，主从关系明确，结构合理，形态美观。

园林中很多观赏花木，通过修剪形成优美的自然式人工整形树姿及几何形体式树形，在自然美的基础上，创造出人为干预的自然与艺术融合为一体的美。

3.调节树势，促进老树更新复壮

对衰老树木进行强修剪，剪去或短截全部侧枝，可刺激隐芽长出新枝，选留其中一些有培养前途的枝条代替原有的骨干枝，进而形成新的树冠。通过修剪使老树更新复壮，一般比栽植的新苗生长速度快，因为具有发达的根系，为树体提供充足的水分和养分。

二、园林树木修剪的原则与依据

（一）园林树木修剪的原则

1.因地制宜，按需修剪

树木的生长发育与环境条件具有密切的关系。在不同的生态条件下，树木的修剪方式不同：对于生长在土壤瘠薄、地下水位较高处的树木，不应该与生长在一般土壤上的树木以同样的方式修剪；对于生长在盐碱地上的树木，应修剪成低干矮冠的树形。

如果树木生长地周围很开阔、面积较大，在不影响与周围环境协调的情况下，可使分枝尽可能地开张，以最大限度地扩大树冠；如果空间较小，应通过修剪控制树木的体量，以防拥挤不堪，影响树木生长。例如，在一个大草坪上栽植几株雪松，为了与周围环境配置协调，应尽量扩大树体，同时留的主干应较低并多留裙枝。

2.随树作形，因枝修剪

有什么式样的树木，就修剪成相应式样的形；有什么姿态的枝条，就应进行相应的修剪。不同类型的或不同姿态的枝条不能用一种方法进行修剪，而是要因树、因枝、因地而异。

3.主从分明、平衡树势

主从分明是指主枝与侧枝的主从关系要分明。平衡树势是指骨干枝分布得要合理。修剪时，为了使树木长势均衡，应抑强扶弱，一般采用强主枝强剪（修剪量大些），削弱其生长势；弱主枝弱剪（修剪量小些）。调节侧枝的生长势应掌握的原则：强侧枝弱剪（即轻截），弱侧枝强剪（即重截）。因为侧枝是开花结果的基础，侧枝若生长过强或过弱均不利于形成花芽，所以对强侧枝要弱剪，目的是促使侧芽萌发，增加分枝，缓和生长势，有利于形成花芽，对弱侧枝要强剪，短截到中部饱满芽处，使其萌发抽生较强的枝条，此类枝条形成的花芽少，消耗的养分也少，从而对该枝条的生长势有增强的作用。应用此方法调整各类侧枝生长势的相对均衡是很有效的。

（二）园林树木修剪的依据

1.与生态环境条件相统一

树木的生长发育与环境条件关系密切，因此，即使具有相同的园林绿化目的，但由于环境条件不同，在具体修剪时也会有所不同。例如，同是独植的乔木，在土地肥沃处以修剪成自然式为佳，而在土壤瘠薄或地下水位较高处则应适当降低分枝点，使主枝在较低处即开始构成树冠；而在多风处，主干也宜降低高度，并使树冠适当稀疏，增加透风性，以防折枝和倒伏；在冬季长期积雪地区，应对枝干易折断的树木进行重剪，尽量缩小树冠的面积，以防大枝被积雪压断。

2.符合园林树木的分枝规律

园林树木在生长进化的过程中形成了一定的分枝规律，一般有主轴分枝、合轴分枝、假二叉分枝、多歧分枝等类型。

主轴分枝的树木，如雪松、龙柏、水杉、杨树等，顶芽优势极强，长势旺，易形成高大通直的树干，修剪时要控制侧枝，促进主枝生长。合轴分枝的树木，如悬铃木、柳树、榉树、桃树等，新梢在生长期末因顶端分生组织生长缓慢，顶芽瘦小不充实，到冬季干枯死亡；有的枝顶形成花芽而不能向上，被顶端下部的侧芽取而代之，继续生长。假二叉分枝的树木，如泡桐、丁香等，树干顶梢在生长季末不能形成顶芽，而是由下面对生的侧芽向相对方向分生侧枝，修剪时可用剥除枝顶对生芽中的一枚，留一枚壮芽培养干高。多歧分枝的树木顶梢芽在生长季末发育不充实，侧芽节间短，或顶梢直接形成三个以上势力均等的芽，在下一个生长季节，每个枝条顶梢又抽生出三个以上新梢同时生长，致使树干低矮。这类树种在幼树整形时，可采用抹芽法或短截主枝重新培养主枝法培养树形。

3.利用顶端优势

由于在养分竞争中顶芽处于优势，所以树木顶芽萌发的枝在生长上也总是占有优势。当剪去一枚顶芽时，可使靠近顶芽的一些腋芽萌发；而除去一个枝端，则可获得一大批生长中庸的侧枝，从而使代谢功能增强、生长速度加快，有利于花果形成，可达到控制树形、促进生长的目的。

4.充分利用光能

园林树木通过叶片进行光合作用，将光能转变成化学能，贮藏在有机物里。如果要增强光合作用，就必须扩大叶片面积。而剪去枝条顶端，使下部多数半饱满芽得到萌发，使之形成较多的中、短枝，就可增加叶片数量。因此，通过修剪调整树体结构，改变有效叶幕层的位置，可提高整体的光能利用率。

三、园林树木修剪的时期与方法

（一）园林树木修剪的时期

园林树木修剪最佳时期的确定应至少满足以下两个条件：一是不影响园林树木的正常生长，减少营养损耗，避免伤口感染。例如，抹芽、除蘖宜早不宜迟；核桃、葡萄等应在春季伤流期前修剪完毕。二是不影响开花结果，不破坏原有冠形，不降低其观赏价值。例如，观花观果类树木，应在花芽分化前和花期后修剪；观枝类树木，为延长其观赏期，应在早春芽萌动前修剪。总之，修剪一般在树木的休眠期或缓慢生长期进行，以冬季修剪和夏季修剪为主。

1.休眠期修剪（冬季修剪）

园林树木从休眠后至次年春季树液开始流动前（落叶树从落叶开始至春季萌发前）的修剪称为休眠期修剪。这段时期，树木生长停滞，树木体内养料大部分回归根部，修剪后营养损失最少，且伤口不易被细菌感染，对树木生长影响较小。因此，大部分园林树木的修剪工作都在此时期进行。

冬季修剪对观赏树种树冠的构成、枝梢的生长、花果枝的形成等有重要影响，因此修剪时要考虑树龄和树种。通常，对幼树的修剪以整形为主；对观叶树的修剪以控制主枝生长、促进侧枝生长为目的；对花果树的修剪则着重培养骨干枝，促其早日成形，提前开花结果。

对于生长在严寒地区或抗寒力差的树木以早春修剪为宜，以避免修剪后伤口受冻害。早春修剪应在树木根系旺盛活动之前，营养物质尚未由根部向上输送时进行，可减少养分损失，对花芽、叶芽的萌发影响不大。对有伤流现象的树木，如槭树、桦树等，在萌发后修剪会有大量伤流发生，伤流使树木体内的养分与水分流失过多，造成树势衰弱，甚至枝条枯死，因此，不能太晚修剪。

2.生长期修剪（夏季修剪）

园林树木自萌芽后至新梢或副新梢延长生长停止前这段时期内的修剪叫作生长期修剪。在生长期内修剪，若剪去大量枝叶，则会对树木尤其是花果树的外形有一定影响，故宜轻剪。对发枝力强的树，若要在休眠期修剪的基础上培养直立主干，就必须对主干顶端剪口附近的大量新梢进行短截，目的是控制它们生长，调整主干的长势和方向。花果树及行道树的修剪，主要是控制竞争枝、内膛枝、直立枝、徒长枝的长势，以集中营养供骨干枝旺盛生长之需。

3.各类树木的适宜修剪时期

（1）落叶树

每年深秋至翌年早春萌芽前是落叶树的休眠期。早春时，树液开始流动，此时对落叶树进行修剪，对落叶树的树冠形成、树梢生长等有重要影响。

（2）常绿树

从一般常绿树的生长规律来看，4～10月为其活动期，枝叶俱全，此时宜进行修剪。而11月至次年3月为常绿树的休眠，耐寒性差，剪去枝叶有冻害的危险，因此，一般常绿树应避免冬季修剪。尤其是常绿针叶树，宜在6～7月生长期内进行短截修剪，此时修剪还可获得侧枝，用于扦插繁殖。

（二）园林树木修剪的方法

1.截

截是将园林树木一年生或多年生枝条的一部分剪去，以刺激剪口下的侧芽萌发，抽发新梢，增加枝条数量，多发叶、多开花。它是园林树木修剪时常用的方法。短截程度影响枝条生长，短截程度越重，对单枝的生长刺激越大。根据程度，短截可分为以下几种：

（1）轻短截

只剪去一年生的少量枝段，一般是轻剪枝条的顶梢（剪去枝条全长的1/4～1/3），主要用于化果类树木强壮枝的修剪。去掉枝条顶梢后，刺激其下部多数饱满芽的萌发，分散了枝条的养分，促生大量短枝，这些短枝容易形成花芽。

（2）中短截

剪到枝条中部或中上部饱满芽处（剪去枝条全长的1/3～1/2）。由于剪口芽强健壮实，养分相对集中，刺激其多发营养枝，截后形成较多的中、长枝，成枝力高，生长势强，主要用于某些弱枝复壮以及骨干枝和延长枝的培养。

（3）重短截

剪到枝条下部半饱满芽处。由于剪掉枝条大部分（剪去枝条全长的 2/3～3/4），对局部的刺激作用大，对树木的总生长量有很大影响，剪后萌发的侧枝少，但由于营养供应充足，一般萌发营养枝。重短截主要用于弱树、老树的复壮更新。

（4）极重短截

在春梢基部仅留1～2个不饱满的芽，其余剪去。此后，萌发出的1～2个弱枝，一般用于竞争枝处理或降低枝位。

（5）回缩

回缩，又称缩剪，即将多年生枝条剪去一部分。当树木生长势减弱、部分枝条开始下垂、树冠中下部出现光秃现象时，为了改善光照条件和促发新旺枝以恢复树势，常用这种修剪方法。

2.疏

疏，又称疏剪或疏删，将枝条自分生处剪去，不保留任何芽。疏剪可调节枝条分布，改善通风透光条件，有利于枝条生长发育和花芽分化。疏剪的对象主要是病虫枝、伤残枝、内膛密生枝、干枯枝、并生枝、过密的交叉枝、衰弱的下垂枝等，疏剪工作贯穿全年，休眠期、生长期均可进行。

疏剪强度可分为轻疏（疏枝占全树枝条的 10%）、中疏（疏枝占全树枝条的 10%～20%）、重疏（疏枝占全树枝条的 20%以上）三种。疏剪强度依树木种类、长势、树龄而定。萌芽力强、成枝力弱的或萌芽力、成枝力都弱的树种，少疏枝，如马尾松、雪松等枝条轮生，每年发枝数有限，尽量不疏枝。萌芽力、成枝力都强的树种，可多疏，如悬铃木。轻疏可以促进幼树树冠迅速扩大。成年树枝条多，为调节生长与生殖的关系，保证年年有花或结果，可适当中疏。衰老期树木，发枝力弱，为保持有足够的枝条组成树冠，疏剪时要小心，只能疏去必须疏除的枝条。

3.伤

伤是用破伤枝条的各种方式来达到缓和树势、削弱受伤枝条生长势的目的的修剪方法，如环状剥皮、扭枝和折梢等。

（1）环状剥皮

环状剥皮是对不大开花结果的枝条，用刀在枝干或枝条基部适当部位，剔去一定宽度的环状树皮。它在一段时期内可阻止枝梢碳水化合物向下输送，有利于环状剥皮枝条的上方枝条营养物质的积累和花芽的形成，但弱枝、伤流过旺及易流胶的树种不宜应用环状剥皮。

（2）扭枝和折梢

在生长季内，将生长过旺的枝条，特别是着生在枝背上的旺枝，在中上部将其扭曲下垂，称为扭枝。将新梢折伤而不断则为折梢。扭枝与折梢伤骨不伤皮，目的是阻止水分、养分向生长点输送，削弱枝条长势，利于花枝形成。

4.变

变就是改变枝条生长方向、控制枝条生长势，如曲枝、撑枝、拉枝、抬枝等。其目的是改变枝条的生长方向，使顶端优势转位、加强或削弱。将直立生长枝向下曲成拱形时，顶端优势减弱，枝条生长转缓。下垂枝因向地生长，顶端优势弱，枝条生长不良，为了使枝势转旺，可抬高枝条，使枝顶向上。

5.放

放，又称缓放、甩放或长放，即对一年生枝条不做任何短截，任其自然生长。利用单枝生长势逐年减弱的特点，对部分生长中等的枝条长放不剪，下部易生中、短枝，停止生长早，同化面积大，光合产物多，有利于花芽形成。幼树、旺树常以长放缓和树势，促进提早开花结果。幼树的骨干枝、延长枝、背生枝或徒长枝不能放。弱树也不宜多用长放。

6.其他修剪方法

（1）摘心

在生长季节，随新梢伸长，随时剪去其嫩梢顶尖的技术措施称为摘心。具体进行的时间依树木种类、目的而异。通常，在新梢长至适当长度时，摘去先端 2～5 cm，可使摘心处 1～2 个腋芽受到刺激发生二次枝。

（2）剪梢

在生长季节，由于某些树木新梢未及时摘心，使枝条生长过旺、伸展过长，且木质化。为调节观赏树木主侧枝的平衡关系以及调整观花观果树木营养生长和生殖生长的关系，剪掉一段已木质化的新梢先端，即剪梢。

（3）抹芽

把多余的芽抹去称为抹芽。此措施可改善其他留存芽的养分供应状况而增强生长势。

（4）疏花、疏果

花蕾过多会影响开花质量，如月季、牡丹等，为促使花朵硕大，可用摘除侧蕾的措施使主蕾充分生长。一些观花树木，在花谢后常进行摘除枯花的工作，不但能提高观赏价值，还可避免结实消耗养分。为使观花树木花朵繁茂，避免养分过多消耗，常将幼果摘除。

四、园林树木修剪的程序

修剪时，最忌漫无次序、不假思索地乱剪，这样常会将需要的枝条也剪掉了，而且速度慢，应按照一定的程序进行。园林树木修剪的程序概括起来为"一知、二看、三剪、四拿、五处理"。

一知：修剪人员必须知道操作规范、技术规范及特殊要求。

二看：修剪前，先绕树观察，对将要实施的修剪方法应心中有数。

三剪：根据因植物类别修剪的原则进行合理修剪。按照"由基到梢、由内及外、由粗剪到细剪"的顺序来剪，即先明确树木应修剪成何种形式，然后由主枝的基部自内向外逐渐向上修剪，这样就会避免漏剪，既能保证修剪质量，又可提高修剪速度。

四拿：修剪下的枝条应及时运走，保证环境整洁。

五处理：剪下的枝条，特别是病虫害枝条要及时处理，防止病虫害蔓延。

五、不同类型园林树木的修剪

（一）成片树林的修剪

成片树林的修剪，主要是维持树木良好的干性，解决通风透光问题，修剪一般比较粗放。

①对于由有领导干的树种组成的成片树林，修剪时注意保留顶梢，以尽量保持中央领导干的生长势。当出现竞争枝（双头现象），只选留一个；如果领导枝枯死，应选一强壮侧生嫩枝，培养成新的中央领导枝。

②适时修剪主干下部侧生枝，逐步提高分枝点。分枝点的高度应根据不同树种、树龄而定。同一分枝点的高度应大体一致，而林缘分枝点应留低一些，使树林呈现丰满的林冠线。

③对于一些主干很短，但树已长大，不能再培养成独干的树木，可以把分生的主枝当作主干培养。

④对于大面积的人工松柏林，常进行人工打枝，即将生长在树冠下方的衰弱侧枝剪除。打枝的多少应根据栽培目的及对树木正常生长发育的影响而定。一般认为，打枝不能超过树冠的三分之一，否则会影响树木正常生长。

（二）行道树的修剪

行道树是指在道路两旁整齐列植的树木，每条道路上树种相同。行道树主要有遮阴、美化街道和改善城区小气候等作用。

行道树要求枝条伸展，树冠开阔，枝叶浓密。一般将树体高大的乔木树种作为行道树，主干高度 2.5～6 m。行道树上方若有架空线路通过的干道，其主干的分枝点应在架空线路的下方，而为了方便车辆、行人通过，分枝点不得低于 2～2.5 m。城郊公路及街道、巷道的行道树，主干高度可达 4～6 m。定植后的行道树要每年修剪，扩大树冠，调整枝条的伸出方向，增加遮阴保湿效果。

行道树所处的环境比较复杂，多与交通、上下管线、建筑等有矛盾，必须通过修剪来解决这些矛盾。同一条街道行道树的分枝点必须整齐一致。行道树树冠形状依栽植地点的架空线路及交通状况而定。在架空线路多的主干道及一般干道上，常采用规则形树冠，修剪成杯状形、开心形等立体几何形状。在机动车辆少的道路上或狭窄的巷道内，可采用自然式树冠。行道树定干时，同一条干道上分枝点高度应一致，不可高低错落，影响美观与管理。

中央领导干形的行道树分枝点的高度按树种特性及树木规格而定，栽培中要保护顶芽向上生长。郊区多用高大树木，分枝点在 6 m 以上。主干顶端若受损伤，应选择一直立向上生长的枝条或在壮芽处短截，并把其下部的侧芽抹去，抽出直立枝条代替，避免形成多头现象。

阔叶类树种，如毛白杨等，不耐重抹头或重截，应以冬季疏剪为主。修剪时，应保持冠与树干的适当比例，一般树冠高占 3/5，树干（分枝点以下）高占

2/5。快车道旁的分枝点高在 2.8 m 以上。注意最下方的三大主枝上下位置要错开，方向匀称，角度适宜。要及时剪掉三大主枝上基部贴近树干的侧枝，并选留好三大主枝以上其他各主枝，使其呈螺旋形往上排列。再如银杏，每年枝条短截，下层枝比上层枝留得长，萌生后形成圆锥状树冠。成形后，仅对病枝、过密枝进行疏剪，一般修剪量不大。

（三）庭荫树的修剪

庭荫树一般栽植在公园（或庭院）的中心、建筑物周围或南侧、园路两侧，具有庞大的树冠、挺秀的树形、健壮的树干，能营造浓荫如盖、凉爽宜人的环境。

一般来说，庭荫树的树冠不需要专门整形，多采用自然树形。但由于特殊的要求或风俗习惯等，也有采用人工式整形或自然和人工混合式整形的。庭荫树的主干高度应与周围环境的要求相适应，一般无固定的规定，主要视树种的生长习性而定。

庭荫树的树冠与树高的比例，视树种及绿化要求而定。孤植的庭荫树树冠以尽可能大些为宜，以最大可能地发挥其遮阴和观赏的效果；对一些树干皮层较薄的种类，如七叶树、白皮松等，可有防止烈日灼烧树皮的作用。一般认为，庭荫树的树冠以占树高的 2/3 以上为佳，以不小于 1/2 为宜；如果树冠过小，则会影响树木生长。

修剪时，除人工形式的庭荫树需每年用较多的劳动力进行休眠期修剪以及夏季生长期修剪外，自然式庭荫树只需每年或隔年将病枯枝、扰乱树形的枝条，以及主干上由不定芽形成的冗枝等剪除，对老弱枝进行短剪，给予刺激使之增强生长势。

六、特殊树形的造型与修剪

（一）几何体造型修剪

通过修剪与整形，最终树木的外形成为各种几何形体，如正方体、长方体、圆柱体、球体、半球体或不规则几何体等。这类形式的整形需按照几何形体的构成规律进行。

（二）雕塑式造型修剪

将树木进行某种具体或抽象形状的修剪，称为雕塑式造型修剪。有的是单株造型，有的是几株栽植在一起造型。

1.仿真式

将树木雕塑修剪成貌似某种实物形状的形式，称为仿真式。常见的有仿物体、仿动物，也有仿人体、仿建筑的。仿真式的造型一般需要使用模具，模具通常用铁条制成框架，再在四周和顶部用铁丝制成网状，然后将模具套在适宜整形的树木上，之后不断地将长出网外的枝叶剪去，待网内生长充实后，将模具取走。

2.抽象式

抽象式是指将树木雕塑修剪成立体的、具有一定艺术性的抽象形状。其创作灵感可能来源于抽象派画风。欧洲的抽象式造型较多，而且大多比较复杂。复杂的抽象式造型有相当难度，人们在观赏时也较难领会其艺术精髓。

（三）自然与人工混合式修剪

这种形式是由于园林绿化上的某些要求，对自然树形加以或多或少的人工改造而形成的。常见的有以下几种：

1.杯状形

树冠无中心主干，仅有相当一段高度的基部树干，自树干上部分生 3 个主枝，向四周排开，3 个主枝各自再分生 2 个枝而成 6 个枝，再以 6 个枝各分生 2 个枝成 12 枝，即所谓"三叉六股十二枝"的树形。这种几何形状的规整分枝不仅整齐美观，而且树冠内不允许有直立枝、内向枝的存在，一经出现必须剪除。此种树形在行道树和景观树中较为常见。

2.开心形

这是对杯状形改良的一种形式，适用于轴性弱、枝条开展的树种整形。整形的方法也是不留树冠中央干而留多数主枝配列四方，分枝较低。主枝上每年留有主枝延长枝，并于侧方留有副主枝处于主枝的空隙处。整个树冠呈扁圆形，可在喜光果树上应用。

3.多领导干形

一株树木留 2～4 个主要领导干，于其上分层配列侧生主枝，形成匀称的树冠。常见的树形有馒头形和直立的椭球形。多领导干形适用于生长较旺盛的树种，可塑成优美的树冠，提前开花，延长小枝寿命，宜于观花小乔木、丛生型大灌木的整形。

4.中央领导干形

留一强大的中央领导干，在其上较均匀地保留主枝，再由主枝产生各级侧枝。这种形式是对自然树形加工较少的一种整形形式。常见的树形有圆锥形、圆柱形、卵圆形等。这种形式适用于轴性强的树种，能形成高大的树冠，最适合做庭荫树、独赏树及松柏类乔木的整形。

5.圆球形

此形具有一段极短的主干，在主干上分生多数主枝，主枝分生侧枝，各级主侧枝均相互错开，利于通风透光。

6.灌丛形

主干不明显，每丛自基部留主枝 10 个左右，其中，保留 1～3 年生主枝 3～4 个，每年剪掉 3～4 个老主枝，更新复壮。

7.伞形

伞形多用于一些垂枝形树木的修剪整形，如龙爪槐、龙桑、垂枝桃、垂枝榆等。这类树木修剪需保留 3～5 个主枝作为一级侧枝，只要一级侧枝布局得当，以后的各级侧枝下垂，并保持垂枝的相同长度，即可形成伞形树冠。

第二节　园林树木的损伤及养护

一、园林树木不安全性的内涵

在人们居住的环境中，有许多大树、老树、古树，以及不健康的树木，由于种种原因而表现出生长缓慢，树势衰弱，根系受损，树体倾斜，断枝、枯枝等情况，这些树木如遇大风、暴雨等异常天气容易折断、倒伏、树枝垂落。事实上，即使是健康生长的树木，也会因生长过快、枝干强度降低，容易发生意外情况而成为城市的不安全因素。因此，城市树木的经营者不仅要注意已经受损、出现问题的树木，而且要建立确保树木安全的管理体系。

一般把具有危险的树木定义为树体结构发生异常并且有可能危及目标的树木。

（一）树体结构异常

树体结构异常指的是由病虫害引起的枝干缺损、腐朽、溃烂，各种损伤造成树干劈裂、折断，一些大根损伤、腐朽，树冠偏斜，树干过度弯曲、倾斜等。

树体结构异常主要包括以下几个方面：

树干部分：树干的尖削度不合理，树冠比例过大，严重偏冠，具有多个直径几乎相同的主干，木质部发生腐朽、空洞，树体倾斜等。

树枝部分：大枝（一级或二级分支）上的枝叶分布不均匀，大枝呈水平延伸，前端枝叶过多，侧枝基部与树干或主枝连接处腐朽、连接脆弱；树枝木质部纹理扭曲，腐朽等。

根系部分：根系浅、根系缺损、裸出地表、腐朽，侧根环绕主根影响其他根系的生长。

上述这些潜在的危险是可以预测的。必须强调的是，有些树种由于生长速度快、树体高大、树冠幅度大，但枝干强度低、脆弱，也很容易在异常的气候条件下出现倒伏或折断现象。

（二）危及目标

被定义为不安全的树木，除了树木本身，还必须具有其危及的目标，例如，树木生长在旷野不会对生命构成威胁，因此不被判断为有安全问题的树木。城市树木危及的目标包括各类建筑、设施、车辆、人群等。人群经常活动的地方，如人行道、公园、街头绿地、广场，以及重要的建筑等附近的树木应是主要的监管对象。

二、具有危险性树木的评测

对树木具有潜在危险性的评测，包括以下三个方面：

（一）对具有潜在危险的树木的检查与评测

一般通过观察树木的各种表现，例如，树木的生长、各部形状是否正常，树体平衡性及机械结构是否合理等，并与正常生长的树木进行比较，作出诊断。

（二）对可能造成树木不安全的影响因素的评估

树木可能存在的潜在危险取决于树种、生长的位置、树龄、立地特点、危及的目标等。我们对这些因素有充分的了解，就能够知道应该注意哪些问题。

（三）对树木可能伤害的目标的评估

树木可能危及的目标应包括人和物，人是首位的。因此，要认真检查与评测在人群活动频繁处的树木。

三、园林树木的安全性管理

（一）建立管理系统

城市绿化管理部门应建立树木安全的管理体系，加强对树木的管理和养护。该系统包括以下内容：

①确定树木安全性的指标，例如，根据树木受损、腐朽或其他各种原因构成对人群和财产安全的威胁的程度，划分不同的等级，最重要的是构成威胁的门槛值的确定。

②建立树木安全性的定期检查制度，对不同生长位置、树木年龄的个体分别采用不同的检查周期。对已经处理的树木应间隔一段时间进行回访检查。

③建立培训制度，从事检查和处理的工作人员必须接受定期培训，并获得岗位证书。

（二）建立分级系统

评测树木安全性是为了确认该树木是否可能构成对居民的损害，如果可能发生威胁，那么需要做何种处理才能避免损失或把损失减小。采用分级管理的方法，即根据树木可能构成威胁程度划分等级，把那些最有可能构成威胁的树木作为重点检查的对象并作出及时的处理。

分级管理的办法已在许多国家实施，一般根据以下几个方面来评测：①树木折断的可能性；②树木折断、倒伏危及目标的可能性；③树种因子，根据不同树木种类的木材强度特点来评测；④对危及目标可能造成的损害程度；⑤危及目标的价值，以货币形式计价。

园林树木的危险性水平，与其可能出现的时间、所在的位置、伤害的对象、伤害程度而不同。例如，具有同样结构缺陷的树木，在人群集中的公共绿地与大片林带中产生的危险度是不同的。

Ⅰ级监控：管理单位为高级园林绿化主管部门，监控对象为生长在人群密集的城市中心广场、公共绿地、住宅区、主要商业区、医院、重要建筑物附近具有严重安全隐患的树木。

Ⅱ级监控：管理单位为各区域的管理处，监控对象为主要通道及公交车站、停车场等交通拥挤的地方，遮挡交通视线，具有安全隐患树种密集处，虽表现出各种问题，但尚未构成严重威胁的树木。

Ⅲ级监控：管理单位为管理监察队伍，监控对象为除上述以外人群一般较少进入的绿地、次级道路上交通比较繁忙的交叉口处具有潜在危险的大树。

Ⅳ级监控：管理单位为管理部门下属的小分队，监控对象为很少进入的地块，公园、林地、街头绿地等成片树林中的树木。

四、园林树木的腐朽

（一）园林树木腐朽的特征和类型

1.园林树木腐朽的特征

园林树木的腐朽过程是木材分解和转化的过程，即在真菌或细菌作用下，将木质部这个复杂的有机物分解为简单的形式，最终造成树木死亡。

（1）变色

当木材受伤或受到真菌的侵蚀时，木材细胞的内含物发生改变以适应代谢的变化来保护木材，导致木材变色。木材变色是一个化学变化，可发生在边材或心材。木材变色本身并不影响其材性，但预示木材可能开始腐朽，当然并非所有的木材变色都说明腐朽即将发生，例如，黑核桃树木的心材随着树龄增长颜色变深是正常的。

（2）空洞

腐朽的木材完全被真菌分解成粉末掉落，而形成空洞。树干或树枝的空洞总有一侧向外，有的可能被愈合，有的因树枝的分叉而被隐蔽起来，有的树干心材的大部分腐朽形成纵向很深的树洞。

2.园林树木腐朽的类型

（1）褐腐

褐腐是担子菌纲侵入木质部降解木材的纤维素和半纤维素，微纤维的长度变短失去抗拉强度导致的腐朽。褐腐并不降解木质素。

（2）白腐

白腐是担子菌纲和一些子囊菌的真菌导致的腐朽。这类真菌的特点是能降解纤维素、半纤维素和木质素，降解的速度与真菌种类及木材内部的条件有密切关系。

（二）园林树木腐朽的诊断

1.通过观测树干和树冠的外观来诊断

当树干或树枝上有空洞、树皮脱落、伤口、裂纹、蜂窝、鸟巢、折断的树枝、残桩等现象时，基本能指示树木内部出现腐朽。即使伤口的表面较好地愈合，但内部仍可能有腐朽部分，因此，通过外表观测来诊断有时是十分困难的。

2.通过观测腐朽部位颜色变化来诊断

通过观测腐朽部位颜色变化来诊断是主要的方法，但不同树种、不同真菌的情况有很大的差别，为这项工作带来很大的难度。不同树种具有不同的解剖特性，不同的真菌感染产生不同的结果，降解木材细胞壁的生化系统不同，对环境的忍受能力也不同。

3.通过对木材的直接诊断来确定腐朽程度

通过对木材的直接诊断来确定腐朽程度的方法有多种，如敲击树干听声、用生长锥钻取树干、采用仪器探测等。

五、园林树木损伤的预防及处理

（一）园林树木损伤的预防

因自然灾害、人为伤害、养护不当，树木受到损伤的现象时有发生。对濒于死亡、容易构成严重危险的树木可采取伐除的办法，但对一些有保留价值的古树名木，就要采取各种措施来补救。目前，常采用悬吊、支撑、加固等办法。

1.悬吊

悬吊是用单根或多股的金属线、钢丝绳，在树枝之间或树枝与树干间连接起来，以减少树枝的移动、下垂，降低树枝基部的承重，或把原来树枝承受的重量转移到树干或另外增设的构架之上。

2.支撑

支撑是通过支杆从下方、侧方承托重量来减少树枝或树干的压力。

3.加固

加固是用螺栓穿过已劈裂的主干或大枝，或把脱离原来位置与主干分离的树枝铆接加固。

（二）园林树木损伤的处理

1.加强管理，及时清理伤口

进入冬季，工人经常会对园林树木进行修剪，以清除病虫枝、徒长枝，保持树姿优美。在修剪过程中，常会在树体上留下伤口，特别是对大枝进行回缩修剪时，易造成较大的伤口，或者因扩大枝条开张角度而出现大枝劈裂现象。另外，因大风和人力的影响也会造成树木受伤。这些伤口若不及时处理，极易造成枝条干枯，或经雨水侵蚀和病菌侵染寄生引起枝干病害，导致树体衰弱。针对伤口种类有以下几种不同的处理技巧：

（1）修剪造成的伤口处理技巧

在修剪中有时候需要疏枝，将枯死枝条锯平或剪除，在其附近选留新枝加以培养，以补充失去部分的树冠空缺。疏枝后，树体上的伤口，尤其是直径 2 cm以上的大伤口，应先用刀把伤口刮平削光，再用浓度为 2%～5% 的硫酸铜溶液消毒，然后涂抹保护剂。一般保护剂是用动物油 1 份、松香 0.7 份、蜂蜡 0.5 份配制的，将这几种材料加热熔化拌匀后，涂抹于树体伤口处即可。

（2）大枝劈裂伤口的处理技巧

先将落入劈裂伤口内的土和落叶清除干净，再把伤口两侧树皮刮削至露出形成层，然后用支柱或吊绳将劈裂枝皮恢复原状，之后用塑料薄膜将伤处包严扎紧，以促进愈合。若劈裂枝条较粗，可用木钉钻在劈裂处正中钻一透孔，用螺丝钉拧紧，使劈裂枝与树体牢牢固定。如果劈裂枝附近有较长且位置合适的大枝，也可用桥接法把劈裂的枝条连接上，促进愈合，以恢复树势。若枝条损坏程度不是很严重，可借助木板固定、捆扎，短期内便可愈合，半年至一年后可解绑。树干被风刮断的大树，可锯成 1～1.5 m 高的树桩，视树干粗细高接2～4 根接穗，或在锯后把锯面切平刨光，消毒后，让其自然发生萌蘖枝，逐渐培养成大树。

2.移植与修补树皮

树皮受伤以后，有的能自愈，有的不能自愈。为了使其尽快愈合，防止扩大蔓延，应及时对伤口进行处理。对创面不大的枝干，可于生长季移植新鲜树皮，并涂以 10%的萘乙酸，然后用塑料薄膜包扎缚紧；对皮部创面很大的枝干，可于春季萌芽前进行桥接以沟通输导系统，恢复树势。具体方法是剪取较粗壮的一年生枝条，将其嵌接入创面两端切出的接口，或利用伤口下方的徒长枝或萌蘖，将其接于创面上端，然后用细绳或小钉固定，再用塑料薄膜包扎。

3.治疗皮层腐烂

有些树木皮层严重受损但尚未环状烂通，用消过毒的刀片清除掉坏死的树皮皮层和木质部，并沿病疤边缘向外削去宽 3～4 cm 的一圈健康树皮，同时对伤口进行消毒。在同一品种树体的光滑健壮枝干上取一块健康树皮，将其贴于病树枝条上，紧贴木质部，并使四周接触好，用塑料薄膜将伤口封严。

4.树干涂白

（1）树干涂白的作用

①杀菌

防止病菌感染，加速伤口愈合。

②杀虫、防虫

杀死树皮内的越冬虫卵和蛀干昆虫。树干涂上了雪白的石灰水，土壤里的害虫便不敢沿着树干爬到树上，从而防止树皮被动物咬伤。

③防冻害和日灼

冬天，夜里温度很低，到了白天，受到阳光的照射，气温升高，而树干是黑褐色的，易于吸收热量，树干温度也上升很快。这样一冷一热，树干容易冻裂。尤其是大树，树干粗、颜色深，而且组织韧性又比较差，更容易裂开。由于石灰是白色的，涂了石灰水后，能够使 40%～70%的阳光被反射掉，因此树干在白天和夜间的温度相差不大，就不易裂开。

（2）涂白液的制作方法

生石灰 10 份、水 30 份、食盐 1 份、黏着剂（如黏土、油脂等）1 份、石硫合剂原液 1 份，其中，生石灰具有杀菌治虫的作用，食盐和黏着剂可以延长作用时间，还可以加入少量有针对性的杀虫剂。先用水化开生石灰，滤去残渣，倒入已化开的食盐，最后加入石硫合剂、黏着剂等搅拌均匀。涂白液要随配随用，不宜存放时间过长。

（3）涂白树种

针对病虫害发生情况，对部分受蚧虫、天牛、蚜虫危害的常绿树以及易受冻害的杜英、含笑等树木可重点涂白，而病虫危害较少的水杉、银杏、臭椿等，若无病虫危害则可不涂白。

（4）涂白高度

隔离带行道树统一涂白高度 1.2～1.5 m，其他按 1.2 m 进行，同一路段、区域的涂白高度应保持一致，达到整齐美观的效果。

（5）涂液要求

涂液要干稀适当，对树皮缝隙、洞孔、树杈等处要重复涂刷，避免涂刷流失、干后脱落。

（6）涂白时间

每年应在秋末冬初雨季后进行，最好早春再涂一次，效果更好。

5.根系维护

在城市中，树木的地下部分往往受到人行道、建筑物、地下管道的影响，生长势衰弱。可采用以下方式减少树木与建筑物的相互伤害：一是采取特殊措施促使树木的根系向深层生长；二是对大的根系进行整修。最重要的是，要选择适当的树种，设计适当的栽植位置，以避免伤害。

6.洗尘、设置围栏及定期巡查

（1）洗尘

灰尘对树木的呼吸和光合作用有不良影响，因此要适时洗尘。

（2）设置围栏

树木干基很容易被动物啃食，可为树木设置围栏，将树木与周围隔离开来。

（3）定期巡查

树木的保护要贯彻"防重于治"的精神，做好预防工作。此外，应坚持定期巡查，及时发现问题，及早处理。

第三节 园林树木的树洞处理

一、树洞处理的目的和原则

树洞处理的主要目的是阻止树木进一步腐朽，清除各种病菌、蛀虫、蚂蚁、白蚁、蜗牛的繁殖场所，重建一个保护性的表面。同时，通过树洞内部的支撑，增强树体的机械强度，提高树木的抗风、抗雪压能力。

树洞处理并非一定要杀灭所有的寄生生物，因为这样做不仅会造成新的创伤，而且降低树体的机械强度。因此，树洞处理的原则是阻止腐朽的发展而不是根除，在保持障壁层完整的前提下，清除已腐朽的心材，进行适当的加固和填充，最后进行洞口的整形、覆盖和美化。

二、树洞形成的原因及其常见部位

健康的树干在受到多种微生物群落的侵害后，木材不断被降解，导致复杂的有机物成为气体挥发和水分蒸发，最后仅留下 5%的固体矿物质无机元素，使树体形成空洞。树干具有较强的抗侵害能力，但当出现伤口时，则为微生物的侵入打开了通道。树洞形成是从树干出现伤口开始，经过病菌侵入、木材软腐、木材发生腐朽、朽材逐步分解、腐殖质矿化五个阶段，使复杂的有机物变成气体挥发和水分蒸发，留下源自土壤的矿物质无机元素，形成空洞。

由于树体遭受机械损伤和某些自然因素的危害，造成皮伤或孔隙以后，邻近的边材在短期内就会干掉。如果树木生长健壮，伤口不再扩展，则 2～3 年内就可为一层愈伤组织所覆盖，对树木几乎不会造成新的损害。在树体遭受的损伤较大的情况下，伤口愈合缓慢，严重的甚至完全不能愈合。这样，木腐菌和蛀虫就有充足的时间侵入皮下组织而造成腐朽，这些有机体的活动又会妨碍新的愈合，最终导致大树洞的形成。

大枝分叉处、干基和根部是树洞形成的主要部位。树干基部的空洞是由于动物啃食、机械损伤等引起的。干基的空洞一般缘于不合理地截除大枝、机械损伤等；枝条的空洞缘于主枝劈裂、病枝或枝条间的摩擦；分叉处的空洞多缘于劈裂和回缩修剪；根部的空洞缘于机械损伤、真菌和昆虫的侵袭。

三、树洞处理的材料与方法

（一）填充材料的选择

在园林树木的养护和管理中，树洞处理是一项重要的工作。树洞处理主要涉及填充材料的选择以及相应的处理方法。合适的填充材料对树洞的修复和树木的健康生长至关重要。

填充材料的选择应考虑其物理性质和化学性质。理想的填充材料不仅应具备较好的稳定性、耐久性和不易腐烂性，还应能适应树洞内部的湿度变化，不易变形或收缩。此外，为了确保树木正常生长，填充材料应具有适当的空隙率和良好的透气性，以保持树洞内的微环境适宜。

常用的填充材料包括软木、橡胶、塑料等。这些材料具有较好的弹性和适应性，能够随着树洞形状的变化而变化，不易破裂或脱落。同时，这些材料还具有良好的隔音和隔热性能，可以有效地保护树木不受外部环境的影响。

（二）填充方法的分类与实践要点

根据树洞的大小、位置和成因，工作人员可以采取不同的填充方法，每种方法都有其特定的实践要点。

1.常规填充法

常规填充法适用于中、小型树洞。先清除树洞内的杂物和腐烂组织，然后用合适的材料进行填充。为了保证填充效果，可以采用分层填充的方式，每层填充后都要夯实，确保填充材料与树洞壁紧密结合。

2.压力填充法

利用压力设备将填充材料注入树洞内。这种方法适用于大型树洞或不规则形状的树洞。在实践中，要选择流动性好、填充力强的材料，如聚氨酯、环氧树脂等。通过控制填充速度，确保填充材料能够填满树洞。

3.预制填充块填充法

预制填充块填充法是一种预先制作好填充材料的方法，具有较好的抗压性和稳定性。在实践中，根据树洞的大小和形状选择合适的预制填充块，将其放入树洞内。这种方法可以减少填充材料的流失，改善填充效果。

4.生物材料填充法

将生物材料，如泥炭、木屑、稻壳等作为填充材料。这些材料具有良好的透气性和保湿性，有利于树木生长。在实践中，要确保生物材料经过适当的处理和消毒，防止病虫害传播。

无论采用哪种填充方法，都要注意以下几点：

①填充前，对树洞进行仔细的观察和分析，了解其大小、位置和成因。根据具体情况选择合适的填充方法，保证填充效果。

②清除树洞内的杂物和腐烂组织，彻底清除病菌和害虫的滋生地，为后续的填充工作打好基础。

③综合考虑填充材料的稳定性、耐久性、透气性和保湿性等因素，以确保填充效果和满足树木生长的需要。

④定期检查，一旦发现填充材料脱落或损坏的情况，就及时进行修复。

（三）表面修饰材料与工艺选择

在树洞处理的过程中，表面修饰材料与工艺选择同样重要。适当的表面修饰不仅可以提高美观度，还可以增强填充材料的稳定性，减少外界因素对树木的损害。

表面修饰材料的选择应考虑其与填充材料的相容性。理想的表面修饰材料应能与填充材料紧密结合，不易脱落或产生裂纹。同时，表面修饰材料还应具备较好的耐候性，以应对环境变化。常用的表面修饰材料包括油漆、涂料等。

表面修饰工艺的选择应根据树洞的形状、大小和位置而定。对于较小的树洞，可以采用喷涂的方式进行表面修饰；对于较大的树洞，可能需要采用批涂、贴膜或安装装饰板的方式进行表面修饰。在实践中，应根据具体情况选择合适的工艺，确保表面修饰的质量和效果。

为了增强树洞处理的持久性和稳定性，可以在表面修饰材料中加入适量的增稠剂、抗裂剂等。这些添加剂可以有效地提高表面修饰材料的黏附力和弹性，减少裂纹和脱落等现象的发生。

第六章　园林绿化养护管理

第一节　园林植物的土壤管理

土壤是植物生长发育的基础。植物以其根系固定在土壤中，并通过根系从土壤中吸收水分和营养元素，以保证其正常的生理活动。土壤对植物起支撑作用和供给植物生长发育中对水、肥的要求，所以土壤的理化性质及肥力状况对植物的生长发育具有重要影响。

一、土壤与植物生长发育的关系

（一）土壤的物理性质对植物生长发育的影响

1.土壤的质地和结构对植物生长发育的影响

土壤的质地和结构是土壤的重要物理性质。不同的土壤质地和结构，其水、气、热的状况差异很大，对植物根系的生长和植物的营养状况产生明显的影响。

土壤是由固体、液体和气体组成的三相系统。其中，固体颗粒是组成土壤的物质基础。在土壤中，固体的矿物质和有机质与液态的水以及空气同时存在，构成一个有机的能够发挥良好生态功能的系统。矿物质、有机质、水分和空气，这四种基本成分的比例决定着土壤的性状和肥力。

矿物质是组成土壤的基本物质，其含量不同、颗粒大小不同，所组成的土壤质地也不同。通常按照矿物质颗粒粒径的大小将土壤分为沙土、黏土、壤土三种。各类土壤的特性不同，直接影响植物的生长和分布。

沙土中含矿粒多、黏粒少，因此，土壤松散、土壤杂性小、土壤孔隙多、通气透水性强，但蓄水和保肥力差，土温易增易降，昼夜温差大，有机质含量少，因养料、水分流失快，肥力不高，容易遭受旱灾。

黏土以黏粒、粉粒为主，黏滞力强、土粒间隙小、通透性差、排水不良，但保水性强，湿时黏、干时硬，含有机物较多，土温昼夜温差小，尤其是早春土温上升慢，对幼苗生长不利，常与其他土类配合使用。

壤土的土粒大小居中，性状介于沙土和黏土之间，沙粒、黏粒、粉粒大致均等，通透性好、保水保肥力强、有机质含量多、土温比较稳定，适合大部分植物生长。

土壤质地制约着土壤综合物理性状和植物根系的空间环境，因而植物根系的发育特点与土壤质地有明显关系。由于沙土水分下渗，表层土壤水分不足，因此在沙土上生长的多年生植物一般是深根系、耐旱性和贫养的植物；壤土适合大部分植物生长；黏土只适合较少种类的植物生长，且往往为浅根系。

土壤结构是指土壤颗粒排列的方式、孔隙的数量和大小，以及团聚体的大小和数量等。土壤结构可分为团粒结构、块状结构、核状结构、柱状结构、片状结构等。其中，具有团粒结构的土壤最适宜植物生长，因为它能协调土壤中的水分、空气、养分之间的矛盾，改善土壤的理化性质，满足植物对水、肥、气、热的要求。土壤的质地和结构与土壤中的水分、空气和温度状况有着密切关系。

2.土壤中的水分对植物生长发育的影响

水分是土壤的一个组成部分，是植物的主要水分来源。土壤中所进行的许多物质转化过程只在有水分存在的条件下才能进行。土壤水分的适量增加不仅有利于各种营养物质的溶解和移动，而且有利于磷酸盐的水解和有机态磷的矿化，从而改善植物的营养状况。同时，水分还能调节土壤的温度，但水分太多或太少都对植物生长不利。一般植物根系在土壤持水量为60%～80%时活动最旺盛。当土壤含水量减少，植物表现为缺水；土壤含水量若进一步减少，植株将出现永久性萎蔫，甚至引起枝叶焦枯、果实受害；当土壤含水量减少到一定程度时，根系停止吸收，甚至水分外渗。因此，应特别注意加强土壤水分管理，应及时排出园地积水，灌溉以土壤湿透而不积水为宜。

3.土壤的通气性对植物生长发育的影响

土壤的通气性影响着植物的呼吸及生理机能，同时也影响着土壤微生物的种类、数量及分解活动，从而间接影响植物的营养状况。土壤通气状况良好时，根生长快，根毛丰富；土壤的通气状况不好时，会减缓有机物质的分解活动，使植物可利用的营养物质减少；土壤的通气状况过好时，会使有机物质的分解速度太快，导致土壤中的腐殖质的含量减少，不利于养分的长期供应。只有具有团粒结构的土壤才能调节好土壤中水分、空气和微生物活动之间的关系，从而有利于植物生长。

4.土壤的温度对植物生长发育的影响

土壤的温度直接影响着根系的活动，同时制约着土壤中各种盐类的溶解速度、土壤微生物的活性以及有机物分解和养分的转化。

土壤的温度除了有周期性的日变化和季节变化，还有空间上的垂直变化。一般来说，夏季的土壤温度随深度的增加而下降，冬季的土壤温度随深度的增加而升高；白天的土壤温度随深度增加而下降，夜间的土壤温度随深度的增加而升高。土壤的温度除了能直接影响植物种子的萌发和实生苗的生长，还对植物根系的生长和呼吸有很大影响。

5.土壤的厚度对植物生长发育的影响

土壤的厚度影响着土壤水分、养分的总储量和根系分布的空间范围，是决定园林植物种植效果的重要因素之一。土壤的厚度对植物根系分布的深浅有很大影响。一般来说，在疏松、深厚的土壤中，植物根系分布深，且能吸收较多的水分和养分，植物生长良好、抗逆性强。在种植园林植物时，首先要了解土壤的厚度，选用适生的深根或浅根植物。

（二）土壤的化学性质对植物生长发育的影响

土壤的化学性质主要指土壤的酸碱度及土壤有机质和矿质元素等，它们与植物的营养状况有密切关系。

1.土壤的酸碱度对植物生长发育的影响

土壤的酸碱度是土壤各种化学性质的综合反应，对土壤肥力、土壤微生物的活动、土壤有机质的合成和分解、各种营养元素的转化和释放、微量元素的有效性等都有重要影响。

强酸性土壤容易引起植物钾、钙、镁、磷等元素的短缺，使植物生长减慢、老叶失绿、枝叶部分死亡、化的数量减少，甚至出现不结果实的情况；强碱性土壤容易引起植物铁、铜、锰和锌等元素的短缺，植物因缺乏这些元素出现生长不良或病态的状况。

此外，在酸性土壤中，细菌对有机物的分解作用减弱，如根瘤菌、氨化细菌和硝化细菌大多生长在中性土壤中，它们在酸性土壤中难以生存，很多豆科植物的根瘤常因土壤酸度的增加而死亡。真菌比较耐酸碱，植物的一些真菌病常在酸性或碱性土壤中发生，因此，调节土壤的酸碱度能防止某些病害的发生。

2.土壤有机质对植物生长发育的影响

土壤有机质是土壤养分的主要来源，在土壤微生物的作用下，分解释放出植物生长所需要的多种大量元素和微量元素，土壤有机质能改善土壤的物理结构和化学性质，有利于土壤团粒结构的形成和保水、供水、通气等。

（三）土壤肥力对植物生长发育的影响

土壤肥力是指土壤及时满足植物对水、肥、气、热的要求的能力，是土壤物理、化学和生物学特性的综合反映。要想使土壤肥力提高，就必须使土壤同时具有良好的物理性质、化学性质和生物学性质。

绝大多数的植物喜欢生长在深厚、肥沃、适当湿润的土壤中，即生长在肥力高的土壤中。某些树种能在较瘠薄的土壤中生长，这些具有耐瘠薄能力的树种被叫作瘠土树种或耐瘠薄树种，如马尾松、油松、木麻黄等。配置园林树木除了考虑栽植点的气候，还要考虑栽植点的土壤情况，视其肥力状况选择适当的树种。

二、园林植物栽植前的整地

整地包括土壤管理和土壤改良两个方面，它是保证园林植物栽植成活和正常生长的有效措施之一。很多类型的土壤需要经过适当调整和改造后，才能适合园林植物生长。不同的植物对土壤的要求是不同的，但是，一般而言，园林植物都要求保水保肥能力好的土壤。

（一）整地的方法

园林植物栽植地的整地工作包括适当整理地形、翻地、去除杂物、碎土、耙平、填压土壤等。

1.一般平缓地区的整地

对于坡度在 8°以下的平缓耕地或半荒地，可采取全面整地的方法。常翻耕 30 cm 深，以利于蓄水保墒。重点区域可深翻 50 cm，并增施有机肥以改良土壤。平缓地区的整地要有一定坡度，坡度大小根据具体地形和植物种类而定。

2.工程场地地区的整地

整地之前，应先清除遗留的灰渣、碎木及建筑垃圾等，在土壤污染严重或缺土的地方换上肥沃土壤。如有经夯实或机械碾压的紧实土壤，整地时应先将土壤挖松，并根据设计要求做地形处理。

3.低湿地区的整地

这类地区土壤紧实、水分过多、通气不良，又多带盐碱，常使植物生长不良，可以采用挖排水沟的办法，先降低地下水位防止返碱，再行栽植。具体方法：在栽植前一年，每隔 20 m 左右挖一条 1.5～2.0 m 宽的排水沟，并将挖出的表土翻至一侧培成垅台，经过一个生长季的雨水冲洗，土壤盐碱含量减少，杂草腐烂，土质疏松，不干不湿，再在垅台上栽植。

4.新堆土山的整地

在园林绿化工程中，由挖湖堆山形成的人工土山，在栽植植物前，要先经过至少一个雨季的自然沉降。由于这类土山多数不太大，坡度较缓，又全是疏松新土，整地时可以按设计要求进行局部的自然块状调整。

5.荒山整地

在荒山上整地时，要先清理地面，挖出枯树根，搬除可以移动的障碍物。坡度较缓、土层较厚时，可以用水平带状整地法，即沿低山等高线整成带状。在水土流失较严重或急需保持水土、使树木迅速成林的荒山上，则应采用水平沟整地法或鱼鳞坑整地法，也可以采用等高撩壕整地法。在我国北方土层薄、土壤干旱的荒山上常用鱼鳞坑整地法，南方地区常用等高撩壕整地法。

（二）整地时间

整地时间关系到园林栽植工程的完成情况和园林植物的生长效果。一般情况下，应在栽植前三个月以上的时期内（最好经过一个雨季）完成整地工作，以便蓄水保墒，保证栽植工作及时进行，这一点在干旱地区尤其重要。如果现整现栽，栽植效果将会大受影响。

有的地方寸草不生，土壤板结；有的地方土壤虽不板结，却杂草丛生。因此，松土除草也是必不可少的。松土是指疏松表土，切断表层与底层土壤的毛细管联系，以减少土壤水分的蒸发，改善土壤通气状况，促进微生物的活动，加速有机质的分解和转化，从而改善土壤结构，以利于树木生长。除草可排除杂草对水、肥、气、热、光的竞争，同时，又可增加绿地景观效果，减少病虫害的发生。

三、园林植物生长过程中的土壤改良

在园林植物生长过程中，土壤改良和管理的目的：通过各种措施提高土壤肥力，改善土壤结构和理化性质，为园林植物供应所需的水分与养分，从而促进其生长发育。同时，结合其他措施，维持园林地形地貌的整齐美观，防止土壤被冲刷和尘土飞扬，增强园林景观效果。

园林绿地的土壤改良不同于农田的土壤改良，不可能采用轮作等措施，只能采用深翻熟化、客土改良、培土（掺沙）和施有机肥等手段，以保证园林植物正常生长。

（一）深翻熟化

对植物生长地的土壤进行深翻，有利于改善土壤中的水分和空气条件，使土壤微生物活动增加，促进土壤熟化，使难溶性营养物质转化为可溶性养分，有利于提高土壤肥力。如果深翻时增施适当的有机肥，可改善土壤结构和理化性质，促使土壤团粒结构的形成，提高孔隙度。

对于一些深根性园林植物，深翻整地可促使其根系向纵深发展；对一些重点树种进行适时深耕，可以保证供给其随年龄的增长而增加的水、肥、气、热的需要。采取合理深翻、适量断根措施，可刺激植物生发大量的侧根和须根，提高其吸收能力，促使植株健壮、叶片浓绿、花芽形成良好。此外，深翻还可以破坏害虫的越冬场所，有效消灭地下害虫，减少害虫数量。因此，深翻熟化不仅能改良土壤，而且能促进植物生长发育。

深翻主要的适用对象为片林、防护林、绿地内的丛植树、孤植树下边的土壤。

1.深翻的时期

园林土壤一年四季均可深翻，但应根据各地的气候、土壤条件以及园林树木的特点适时深翻才会收到良好的效果。一般而言，深翻主要在秋末和早春两个时期进行。秋末冬初，地上部分生长基本停止或趋于缓慢，同化产物消耗少，此时根系的生长出现高峰，深翻后的伤根也容易愈合并发出部分新根。同时，秋翻可松土保墒，利于土壤风化和雪水下渗。一般秋耕后的土壤比未秋耕的土壤含水量要高 3%～7%。春翻应在土壤解冻后及时进行，此时树木地上部分尚处于休眠状态，根系刚刚开始活动，生长较为缓慢，伤根易愈合和再生。春季土壤解冻后，水分开始上移，此时土壤蒸发量较大，易导致树木干旱缺水；而且早春时间短，气温上升快，伤根后根系还未来得及恢复，地上部分已经开始生长，需要大量的水分和养分，往往因为根系供应的水分和养分不能满足地上部分的需要，造成根冠水分代谢不平衡，致使树木生长不良。因此，在春季干旱多风地区，春翻后需要及时灌水，或采取措施覆盖根系，耕后耙平、镇压，春翻深度也比秋耕深度浅。

2.深翻的深度

深翻的深度与地区、土壤种类、植物种类等有关，一般为 60～100 cm。在一定范围内，翻得越深效果越好，以促进根系向纵深生长，扩大吸收范围，提高根系的抗逆性。黏重土壤深翻应较深，沙质土壤可适当浅翻；地下水位高时深翻宜浅，下层为半风化的岩石时则宜加深深翻深度，以增厚土层；深层为砾石时，应翻得深些，以免肥、水淋失；地下水位低、土层厚、栽植深根性植物时，则宜深翻，反之则宜浅翻；下层有黄淤土、白干土、胶泥板或建筑地基等残存物时，深翻深度则以打破此层为宜，以利于渗水。

3.深翻的方式

园林树木土壤深翻的方式主要有树盘深翻与行间深翻两种。树盘深翻是指在树冠垂直投影线附近挖取环状深翻沟，以利于树木根系向外扩展，这适用于园林草坪中的孤植树和株间距大的树木。行间深翻则是指在两排树木的行中间挖取长条形深翻沟，用一条深翻沟达到对两行树木同时深翻的目的，这种方式多适用于呈行列种植的树木，如风景林、防护林带、园林苗圃等。此外，还有全面深翻、隔行深翻等形式，应根据具体情况灵活运用。各种深翻均应结合施肥和灌溉，可将上层肥沃土壤与腐熟有机肥拌匀填入深翻沟的底部，以改良根层附近的土壤，为根系生长创造有利条件，将生土放在上面可促使生土迅速熟化。

（二）土壤化学改良

1.施肥改良

施肥改良以施有机肥为主，有机肥能增加土壤的腐殖质含量，提高土壤保水保肥能力，改良熟土的结构，增加土壤的孔隙度，调节土壤的酸碱度，从而改善土壤的水、肥、气、热状况。常用的有机肥有厩肥、堆肥、禽肥、鱼肥、饼肥、土杂肥、绿肥等，但这些有机肥均需经过腐熟发酵后才可使用。

2.调节土壤的酸碱度

土壤的酸碱度主要影响土壤养分的转化与有效性、土壤微生物的活动和土壤的理化性质等，因此，与园林植物的生长发育密切相关。通常，当土壤 pH 值过低时，土壤中的活性铁、铝增多，磷酸根易与它们结合形成不溶性沉淀，造成磷素养分的无效化。同时，由于土壤吸收阳性氢离子多，黏粒矿物易被分解，盐基离子大部分遭受雨水淋失，不利于良好土壤结构的形成。相反，当土壤 pH 值过高时，则发生明显的钙对磷酸的固定，使土粒分散，结构被破坏。绝大多数园林树木适宜中性至微酸性的土壤，然而在中国许多城市的园林绿地中，酸性土和碱性土所占比例较大。一般来说，中国南方城市的土壤 pH 值偏低，北方城市的土壤 pH 值偏高，所以，土壤酸碱度的调节是一项十分重要的土壤管理工作。

（1）土壤的酸化处理

土壤酸化是指对偏碱性的土壤进行必要的处理，使土壤 pH 值有所降低，以符合一些酸性树种的生长需要。目前，土壤酸化主要通过施用释酸物质来调节，如施用有机肥料、生理酸性肥料、硫黄粉等。每亩地施用 30 kg 硫黄粉，可使土壤 pH 值从 8.0 降到 6.5 左右，其酸化效果较持久，但见效缓慢。对盆栽园林树木也可用 1∶50 的硫酸铝钾，或 1∶180 的硫酸亚铁水溶液浇灌植株来降低盆栽土的 pH 值。石膏也可用于 pH 值偏高的土壤的改良，在吸附性钠含量高的土壤中使用效果较好，同时还有利于某些坚实、黏重土壤团粒结构的形成，从而改善排水性能。但是，石膏只有在低钙黏土（如高岭土）中才能发挥团聚作用，而在含钙高的干旱和半干旱地区的皂土（如斑脱土）中，不会发生任何团聚反应。在这种情况下，应施较多的其他钙盐，如硫酸钙等。

（2）土壤的碱化处理

土壤碱化是指对偏酸性的土壤进行必要的处理，使土壤 pH 值有所提高，以符合一些碱性树种生长的需要。土壤碱化的常用方法是向土壤中施加石灰、草木灰等碱性物质，但以石灰的应用较为普遍。调节土壤酸度的石灰是农业上用的"农业石灰"，即石灰石粉（碳酸钙粉）。使用时，石灰石粉越细越好，这样可增加土壤内的离子交换强度，以达到调节土壤 pH 值的目的。市面上销售的石灰石粉有几十到几千目的细粉，生产上一般用 300～450 目的石灰石粉。

（三）土壤生物改良

1.植物改良

植物改良是指通过有计划地种植地被植物来达到改良土壤的目的。其优点：一方面，能增加土壤可吸收养分与有机质的含量，改善土壤结构，降低蒸发，控制杂草丛生，减少水、土、肥流失与土湿的日变幅，利于园林植物根系生长；另一方面，在增加绿化量的同时避免地表裸露，防止尘土飞扬，从而丰富园林景观。这类地被植物的一般要求是适应性强，有一定的耐阴、耐践踏能力，根系有一定的固氮力，枯枝落叶易于腐熟分解，覆盖面大，繁殖容易，并有一定的观赏价值。常用的种类有五加、地瓜藤、胡枝子、金银花、常春藤、金丝桃、金丝梅、地锦、络石、扶芳藤、荆条、三叶草、马蹄金、萱草、沿阶草、玉簪、羽扇豆、草木樨、香豌豆等，各地可根据实际情况灵活选用。

2.动物与微生物改良

利用土壤中存在的昆虫、原生动物、线虫、菌类等改善土壤的团粒结构、通气状况，促进岩石风化和养分释放，加快动植物残体的分解，有助于营养物质转化。

利用动物改良土壤，一方面，要加强对土壤中现有有益动物的保护，严格控制农药使用，为动物创造一个良好的生存环境；另一方面，使用生物肥料，如根瘤菌、固氮菌、磷细菌、钾细菌等。这些生物肥料含有多种微生物，它们的分泌物与代谢产物，既能直接给园林植物提供某些营养元素、激素类物质、各种酶等，促进树木根系生长，又能改善土壤的理化性质。

（四）疏松剂改良

使用土壤疏松剂，可以改善土壤结构，调节土壤的酸碱度，提高土壤肥力。土壤疏松剂可大致分为有机疏松剂、无机疏松剂和高分子疏松剂三种。其主要功能是促进微生物活动，增加孔隙，使土壤粒子团粒化。目前，我国大量使用的疏松剂以有机疏松剂为主，如泥炭、锯末粉、谷糠、腐叶土、腐殖土、家畜厩肥等。这些材料来源广泛、价格便宜、效果较好，使用时要先发酵腐熟并与土壤混合均匀。

（五）管理措施改良

1.松土透气、控制杂草

松土、除草可以切断土壤表层的毛细管，减少土壤水分蒸发，防止土壤泛碱，改善土壤的通气状况，促进难溶养分的分解，提高土壤肥力。早春松土，可以提高土温，有利于根系生长；清除杂草也可以减少病虫害。

松土、除草，应在天气晴朗或者初晴之后土壤不干不湿时进行，才可获得最大的保墒效果。

2.地面覆盖与地被植物

利用有机物或活的植物体覆盖地面，可以减少水分蒸发、地表径流和杂草生长，增加土壤有机质含量，调节土壤的温度，为园林植物生长创造良好的环境。若在生长季覆盖，可增加土壤有机质含量，改善土壤结构，提高土壤肥力。覆盖的材料以就地取材、经济实用为原则，如杂草、谷草、树叶、泥炭等均可。覆盖时间选在生长季节温度较高而较干旱时进行较好，覆盖的厚度以 3～6 cm 为宜，覆盖过厚会有不利影响。

除地面覆盖外，还可以用多年生的地被植物改良土壤。这类植物要适应性强、有一定的耐阴力、覆盖作用好、繁殖容易、与杂草竞争的能力强，但与园林植物的矛盾不大，同时还要有一定的观赏价值或经济价值。这些植物除有覆盖作用外，在开花期翻入土内，可以增加土壤有机质的含量，起到施肥的作用。

第二节　园林植物的水分管理

一、园林植物水分管理的意义

（一）园林植物健康生长的保障

缺乏水分时，轻者会植株萎蔫，叶色暗淡，新芽、幼苗早期脱落；重者新梢停止生长，枝叶发黄变枯，甚至整株干枯死亡。水分过多时，会造成植株徒长，引起倒伏，抑制花芽分化，延迟开花期，易出现烂花、落蕾、落果现象，甚至引起烂根。

（二）改善园林植物的生长环境

水分不但对园林绿地的土壤和气候环境有良好的调节作用，而且与园林植物病虫害的发生密切相关。例如，在高温季节进行喷灌可降低土温，提高空气湿度，调节气温，避免强光、高温对植物的伤害；干旱时洒水，可以改善土壤微生物的生活环境，促进土壤有机质的分解。

（三）节约水资源，降低养护成本

我国是缺水国家，水资源十分有限，而目前的绿化用水大多为自来水，与生产、生活用水的矛盾十分突出。因此，制定科学合理的园林植物水分管理方案、推广先进的灌排技术，降低养护管理成本，是我国现阶段园林绿化工程管理的客观需要和必然选择。

二、园林植物的灌水

（一）灌溉水的水源类型

灌溉水的质量直接影响园林植物的生长，雨水、河水、湖水、自来水、井水及泉水等都可作为灌溉水的水源。这些水中的可溶性物质、悬浮物质以及水温等各有不同，对园林植物生长的影响也不同。例如，雨水中含有较多的二氧化碳、氨和硝酸，自来水中含有氯，这些物质不利于植物生长；而井水和泉水的温度较低，直接灌溉会伤害植物根系，最好在蓄水池中经短期增温后再利用。总之，园林植物灌溉用水不能含有过多的对植物生长有害的有机、无机盐类和有毒元素及其化合物，水温要与气温或地温接近。

（二）灌水的时期

园林植物的灌水时期大体分为休眠期灌水和生长期灌水两种。具体灌水时间由一年中各个物候期植物对水分的要求、气候特点和土壤中水分的变化规律等决定。

1.生长期灌水

园林植物的生长期灌水可分为花前灌水、花后灌水和花芽分化期灌水三个时期。

（1）花前灌水

花前灌水可在萌芽后结合花前追肥进行，具体时间因地、因植物种类而异。

（2）花后灌水

多数园林植物在花谢后半个月左右进入新的迅速生长期，此时如果水分不足，新梢生长将会受到抑制，一些观果类植物则会出现大量落果现象。花后灌水可促进新梢和叶片生长，扩大同化面积，增强光合作用，提高坐果率，促进果实膨大，对后期的花芽分化也有良好作用。

（3）花芽分化期灌水

园林植物一般是在新梢生长缓慢或停止生长时，开始花芽分化，此时也是果实的迅速生长期，需要较多的水分。若水分供应不足，则会影响果实生长和花芽分化。因此，在新梢停止生长前要及时地灌水，可以促进春梢生长、抑制秋梢生长，有利于花芽分化和果实发育。

2.休眠期灌水

休眠期灌水是在秋冬和早春进行的。在中国的东北、西北、华北等地，降水量较少，冬春严寒干旱，灌水十分必要。秋末冬初的灌水，一般称为灌冻水或封冻水。灌冻水在冬季解冻可放出潜热，提高树木的越冬安全性，并可防止早春干旱，因此，北方地区的这次灌水不可缺少，特别是越冬困难的树种，以及幼年树木等，灌冻水更为必要。中国的北方，在漫长的冬季，雨水很少，加之春季风多，土壤非常干旱，特别是倒春寒比较长的年份，早春灌水非常重要，不但有利于树木顺利通过休眠期，为新梢和叶片的生长做好充分的准备，而且有利于开花与坐果。

（三）灌水量

灌水量受植物种类、土质、气候条件、植株大小、生长状况等因素的影响。一般而言，耐干旱的植物灌水量少些，如松柏类；喜湿润的植物灌水量要多些，如水杉、山茶、水松等；含盐量较多的盐碱地，每次灌水量不宜过多，灌水浸润土壤深度不能与地下水位相接，以防返碱和返盐；保水保肥力差的土壤也不宜大水灌溉，以免造成营养物质流失。

灌水时，一定要灌足，切忌表土打湿而底土仍然干燥。灌水量以达到土壤最大持水量的 60%～80% 为标准。一般已达花龄的乔木，大多应浇水令其渗透到 80～100 cm 深处。园林植物的灌水量可以根据土壤的持水量、灌溉前的土壤湿度、土壤容重、要求土壤浸湿的深度来计算。

灌水量还可以根据树木的耗水系数来计算，即通过测定植物蒸腾量和蒸发量来计算一定面积和时间内的水分消耗量确定灌水量。水分消耗量受温度、风速、空气湿度、太阳辐射、植物覆盖、物候期、根系深度及土壤有效水含量的影响。用水量的近似值可以根据园林树木的经验常数、植物总盖度及蒸发测定值等估算。耗水量与有效水之间的差值，就是灌水量。

（四）灌水方法

正确的灌水方法，不仅能使水分在土壤中分布均匀，保持土壤良好结构，充分发挥水效，还能节约用水，降低成本。随着科学技术的发展，灌水方法也在不断改进，正朝着机械化、自动化的方向发展，使灌水效率大幅度提高。根据供水方式的不同，园林树木的灌水可以分为地面灌水（如树盘灌水、沟灌、漫灌等）、地上灌水（如穴灌、喷灌等）和地下灌水（如滴灌、渗灌等）三种。

1.树盘灌水（围堰灌水）

以树木干基为中心，在树冠垂直投影以内的地面筑圆形或方形的围堰，围堰埂高 15～20 cm，实际根据具体操作难度而定。灌水前，先疏松围堰内的土壤，以利于水分下渗和扩散，待围堰内明水渗完后，铲平围堰，将土覆盖，以保持土壤水分。有条件时，可以用蒲包或薄膜覆盖。

此法虽然节约用水，但是浸湿土壤的范围较小，由于树木根系通常比冠幅大 1.5～2.0 倍，因此离干基较远的根系难以得到水分供应，同时，此法还有破坏土壤结构、使表土板结的缺点。

2.沟灌

成片栽植的树木，可每隔 100～150 cm 开一条深 20～25 cm 的长沟，将流水引入沟内进行灌溉，水慢慢向沟底和沟壁渗透，灌溉完毕后将沟填平。此法在苗圃中应用较多，属侧方灌溉。沟灌能够比较均匀地浸湿土壤，水分的蒸发量与流失量较少，不仅可以节约用水，防止破坏土壤结构，还可以减少平整土地的工作量，便于机械化耕作。因此，沟灌是地面灌溉的一种较合理的方法。

3.漫灌

漫灌是传统的灌溉方法，主要适用于地面平整、规则种植的片林。在片林中可分区筑埂成畦状，在畦内灌水，水渗透完后，挖平土埂，适时松土保墒。此方法费水、费劳动力，灌后土壤表层易板结，应尽量避免使用。但是，在盐碱地使用漫灌的方法具有洗盐、淋盐的作用。

4.穴灌

在树冠投影外侧挖穴，将水灌入穴中，以灌满为度。穴的数量依树冠大小而定，一般为 8～12 个，直径 30 cm 左右，穴深以不伤粗根为准，灌后将土还原。干旱期穴灌，也可长期保留灌水穴而暂不覆土。现代先进的穴灌技术是在离干基一定距离，垂直埋置 2～4 个直径 10～15 cm、长 80～100 cm 的瓦管等永久性灌水设施。若为瓦管，管壁布满渗水小孔，埋好后内装碎石或炭末等填充物，有条件时，还可在地下埋置相应的环管并与竖管相连。灌溉时，从竖管上口注水，灌满后将顶盖关闭，必要时再打开。这种方法用于地面铺装的街道、广场等，十分方便。此方法用水经济，浸湿的根系土壤范围较宽且均匀，不会引起土壤板结，特别适用于缺水地区。

5.喷灌

喷灌包括人工降雨及对树冠喷水等。人工降雨是灌溉机械化中比较先进的一种技术，但需要人工降雨机及输水管道等全套设备。喷灌的优点很多：一是基本上不会产生深层渗漏和地表径流，可以节约用水 20%以上，在渗漏性强、保水性差的沙土上使用，甚至可节约用水 60%～70%，而且可以很好地控制灌溉量、灌溉时间；二是对土壤结构破坏小，可保持原有土壤的疏松状态；三是可冲洗树冠上的灰尘，使树木鲜亮青翠，喷灌的水花、水雾也是一道美丽的风景，并且可调节绿化区的小气候，减少高温、干风对树木的危害；四是可与施肥、喷药结合进行；五是不受地形限制，地形复杂地段也可采用。喷灌的缺点：一是必须使用机械设备，成本较高；二是高湿可能增加树木感染白粉病和其他真菌病害的危险；三是易受风力的影响而喷洒不均匀。

6.滴灌

滴灌是近年发展起来的集机械化与自动化于一体的先进的灌溉技术，是用水滴或微小水流缓慢施于植物根区的灌溉方法。其优点：一是节约用水，对土壤结构破坏小，在水资源短缺的地区应大力提倡使用；二是可自动灌溉，节约劳动力，并可控制灌溉量，结合灌溉可施用营养液；三是适合各种地形，一次安装设备可长期使用。滴灌的缺点：一是设备投入高；二是管道和滴头易堵塞；三是不能调节小气候；四是在含盐量较高的土壤中使用滴灌，容易引起滴头附近土壤的盐渍化。

7.渗灌

渗灌是利用埋在地下的多孔管道输水，水从管道的孔眼中渗出，浸润管道周围的土壤，达到灌溉的目的。此法的优点是节约用水，灌后土壤不易板结，便于耕作，缺点是设备投入高。

三、园林植物的排水

园林植物的排水是防涝的主要措施，目的是减少土壤中多余的水分以增加土壤中空气的含量，提高土壤的温度，激发好气性微生物的活力，加快有机物质的分解，改善植物的营养状况。

（一）需要排水的情况

遇到下列情况时，需要进行排水处理：

①园林植物生长在低洼地区，当降雨强度大时，汇集大量地表径流而又不能及时渗透，形成季节性涝湿地；

②土壤结构不良，渗水性差，水分下渗困难，形成过高的假地下水位；

③园林绿地临近江河湖海，地下水位高，形成周期性的土壤过湿；

④平原或山地，在洪水季节有可能因排水不畅，形成大量积水；

⑤在一些盐碱地区，土壤下层含盐量高，不及时排水洗盐，盐分会随水位的上升而到达表层，造成土壤次生盐渍化。

（二）排水方法

园林植物的排水是一项专业性基础工程，在园林规划和土建施工时应统筹安排，建好畅通的排水系统。园林植物的排水方法主要有以下几种：

1.明沟排水

明沟排水是在园林绿地的地面上纵横开挖浅沟，使绿地内外联通，以便及时排除积水。操作要点是先开挖主排水沟、支排水沟、小排水沟等，在绿地内组成一个完整的排水系统，然后在地势最低处设置总排水沟。这种排水系统的布局多与道路走向一致，各级排水沟的走向最好相互垂直，但在两沟相交处最好成锐角（45°～60°），以利于排水，防止相交处沟道阻塞。

2.暗沟排水

暗沟排水是在地下埋设管道形成地下排水系统，将低洼处的积水引出，使地下水水位降到园林植物要求的深度。暗沟排水系统与明沟排水系统基本相同，也有干管、支管和排水管之别。暗沟排水的管道多由塑料管、混凝土管或瓦管做成。建设时，各级管道应按要求的指标组合施工，以确保水流畅通，防止淤塞。此排水方法的优点是节约用地，但造价较高，一般配合明沟排水使用。

3.滤水层排水

滤水层排水实际上就是一种地下排水方法。具体做法是在树木生长的土壤下层填埋一定深度的煤渣、碎石等材料，形成滤水层，并在周围设置排水孔，遇积水就能及时排除。这种排水方法只能小范围使用，起到局部排水的作用。

4.地面排水

地面排水又称地表径流排水，就是将栽植地面整成一定的坡度，保证多余的雨水能从绿地顺畅地通过道路、广场集中到排水沟排走，从而避免绿地内的植物遭受水淹。这种排水方法既节省费用又不留痕迹，是目前园林绿化工程中使用最广泛的一种排水方法。不过，这种排水方法需要在场地建设之初，经设计者精心设计，才能达到预期效果。

第三节　园林植物的养分管理

一、园林植物养分管理的意义

养分是园林植物生长的物质基础，养分管理是通过合理施肥来改善园林植物营养状况的管理工作。

园林植物多为寿命较长的乔灌木，生长发育需要大量养分。而且园林植物长期生长在同一个地方，根系所达范围内的土壤中所含的营养元素（如氮、磷、钾以及一些微量元素）是有限的，时间长了，土壤的养分就会减少，不能满足植株生长的需要。

此外，城市园林绿地中的土壤常受踩踏，土壤密实度大、密封度高。同时，由于园林植物的枯枝落叶常被清理掉，营养物质循环中断，易造成养分的贫乏。如果植株生长所需营养不能及时得到补充，势必造成营养不良，轻则影响植株正常生长发育，出现黄叶、焦叶、生长缓慢、枯枝等现象，重则衰弱死亡。

因此，要想确保园林植物健康生长，只有通过合理施肥，增强植物的抗逆性，延缓衰老，才能达到枝繁叶茂的观赏效果。这种人工补充养分或提高土壤肥力，以满足园林植物生长发育需要的措施，称为施肥。施肥不但可以供给园林植物生长所需要的养分，还可以改良土壤的理化性质，特别是施用有机肥料，可以提高土壤的温度，改善土壤结构，使土壤疏松，透水性、通气性和保水能力提高，有利于植物根系生长，同时还为土壤微生物的活动创造有利条件，进而促进肥料分解，有利于植物生长。

二、肥料的种类

肥料品种繁多，根据肥料的性质及营养成分，可将园林树木用肥大致分为无机肥料、有机肥料、微生物肥料三大类。

（一）无机肥料

无机肥料又称化肥、矿质肥料、化学肥料，是用物理或化学工业方法制成的，其养分形态为无机盐或化合物。无机肥料种类很多，按植物生长所需要的营养元素种类，可分为氮肥、磷肥、钾肥、钙肥、镁肥、硫肥、微量元素肥料等。

无机肥料大多属于速效性肥料，供肥快，养分含量高，施用量少，能满足树木生长需要。但无机肥料只能供给植物矿质养分，一般无改土作用，养分种类也比较单一，肥效不能持久，而且容易挥发、流失或被固定。所以，生产上一般以追肥形式使用，且不宜长期单一施用无机肥料，应将无机肥料和有机肥料混合施用。

（二）有机肥料

有机肥料是指天然有机质经微生物分解或发酵而成的一类肥料，也就是通常所说的农家肥。其特点是原料来源广，数量大；养分全，但含量低；肥效迟而长，须经微生物分解转化后才能为植物所吸收；改土培肥效果好，但施用量大，需要较多的运输力量；对环境卫生有一定影响。有机肥料一般以基肥形式施用，施用前必须采用堆积方式使之腐熟，使养分快速释放，提高肥料质量及肥效，避免肥料在土壤中腐熟时对树木产生不利影响。

（三）微生物肥料

微生物肥料也称生物肥、菌肥、细菌肥等，是由数种有益微生物、培养基质和添加物（载体）培制而成的生物性肥料。菌肥中微生物的某些代谢过程或代谢产物可以增加土壤中的氮、某些植物生长素的含量，或促进土壤中一些有效性低的营养物质转化，或者兼有刺激植物的生育进程及防治病虫害的作用。依据生产菌株的种类和性能，微生物肥料大致有根瘤菌肥料、固氮菌肥料、磷细菌肥料、钾细菌肥料、抗生菌肥料、菌根菌肥料及复合微生物肥料几大类。

三、肥料的用量

园林植物施肥量包括肥料中各种营养元素的比例和施肥次数等数量指标。

（一）影响施肥量的因素

园林植物的施肥量受多种因素的影响，如植物种类、树种习性、树体大小、植物年龄、土壤肥力、肥料种类、施肥时间与方法以及各个物候期需肥情况等，因此，难以制定统一的施肥量标准。

在生产与管理过程中，施肥量过多或不足，对园林植物生长发育均有不良影响。一般来说，植物吸肥量在一定范围内随施肥量的增加而增加，超过一定范围，即使增加施肥量，植物的吸肥量也在下降。施肥过多，植物不能吸收，既造成肥料的浪费，又可能使植物遭受肥害；而施肥量不足则达不到施肥的目的。因此，园林植物的施肥量既要满足植物的需求，又要以经济用肥为原则。

1.不同的植物施肥量不同

不同的植物对养分的需求量是不一样的，如梧桐、梅花、桃、牡丹等植物喜肥沃土壤，需肥量比较大；而沙棘、刺槐、悬铃木、火棘、臭椿、荆条等则耐瘠薄的土壤，需肥量相对较少。开花、结果多的植物应比开花、结果少的植物多施肥，长势衰弱的植物应比生长势过旺或徒长的植物多施肥。

2.根据对叶片的营养分析确定施肥量

植物的叶片所含的营养元素量可反映植物体的营养状况，所以，近几十年来，叶片营养分析法广泛用于确定园林植物的施肥量中。

（二）施肥量的计算

关于施肥量的标准有许多不同的观点。在我国一些地方，有以园林树木每厘米胸径 0.5 kg 的标准作为计算施肥量依据的。但就同一种园林植物而言，化学肥料、追肥、根外施肥的施肥浓度一般较有机肥料、基肥和土壤施肥要低些，要求也更严格。一般情况下，化学肥料的施用浓度一般不宜超过 3%，而叶面施肥多为 0.1%～0.3%，一些微量元素的施肥浓度应更低。

目前，园林植物施肥量的计算方法常参考果树生产与管理上所用的计算方法，即先测定园林植物各器官每年从土壤中吸收各营养元素的肥量，减去土壤中能供给的量，同时还要考虑肥料的损失。但由于设备的限制和在生产管理中的实用性与方便性等，这种方法目前在我国的园林植物管理中还没有得到广泛应用。

四、园林植物的施肥方法

根据施肥部位的不同，园林植物的施肥方法主要有土壤施肥和根外施肥两大类。

（一）土壤施肥

土壤施肥就是将肥料直接施入土壤中，然后通过植物根系进行吸收的施肥。它是园林植物主要的施肥方法。

土壤施肥深度由根系分布层的深浅而定，根系分布的深浅又因植物种类而异。施肥时，只有将肥料施在吸收根集中分布区附近，才能被根系吸收利用，充分发挥肥效，并引导根系向外扩展。从理论上讲，在正常情况下，园林植物的根系多数集中分布在地下 10~60 cm，根系的水平分布范围多数与植物的冠幅大小相一致，即主要分布在冠幅外围边缘垂直投影的圆周内，故可在冠幅外围与地面的水平投影处附近挖掘施肥沟或施肥坑。由于许多园林树木常常经过造型修剪，其冠幅大大缩小，难以确定施肥范围，因此可以将离地面 30 cm 高处的树干直径值扩大 10 倍，以此数据为半径、以树干为圆心，在地面画出的圆周边即吸收根的分布区，该圆周附近处即施肥范围。

一般比较高大的园林树木类土壤施肥深度应在 20~50 cm，草本和小灌木类土壤施肥深度相应要浅一些。事实上，影响施肥深度的因素有很多，如植物种类、水分状况、肥料种类等。

土壤施肥要注意以下几点：一是不要靠近树干基部；二是不要太浅；三是不要太深，一般不超过 60 cm。目前，施肥中普遍存在的错误是把肥料直接施在树干周围，这样做不但没有好处，反而会有害，容易烧伤幼树根茎。

目前，常见的土壤施肥方法有全面施肥、沟状施肥、穴状施肥、爆破施肥。

1.全面施肥

全面施肥分为洒施与水施两种。洒施是将肥料均匀地洒在园林植物生长的地面上，然后翻入土中。其优点是操作方便、肥效均匀，不足之处是施肥深度较浅，养分流失严重，用肥量大，并易诱导根系上浮而降低根系抗性。此法若与其他的施肥方法交替使用则可取长补短，充分发挥肥料的功效。

水施是将肥料随洒水时施入，施入前，一般需要以根基部为圆心，内外30～50 cm处做围堰，以免肥水四处流溢。该法供肥及时，肥效分布均匀，既不伤根系又保护耕作层土壤结构，肥料利用率高，是一种有效的施肥方法。

2.沟状施肥

沟状施肥包括环状沟施、放射状沟施和条状沟施，其中，环状沟施应用较为普遍。环状沟施是指在园林植物冠幅外围稍远处挖环状沟施肥，一般施肥沟宽 30～40 cm、深 30～60 cm。该法具有操作简便、节约用肥等优点，缺点是受肥面积小，易伤水平根，多适用于园林中的孤植树。放射状沟施就是从植物主干周围向周边挖一些放射状沟施肥，该法较环状沟施伤根要少，但施肥部位常受限制。条状沟施是在植株行间或株间开沟施肥，多用于苗圃施肥。

3.穴状施肥

穴状施肥与沟状施肥方法类似，若将沟状施肥中的施肥沟变为施肥穴或施肥坑就成了穴状施肥。栽植植物时，在栽植坑内施入基肥，实际上就是穴状施肥。目前，穴状施肥可机械化操作，具体方法为把配制好的肥料装入特制容器内，依靠空气压缩机通过钢钻直接将肥料送入土壤中，供植物根系吸收利用。该方法对地面破坏小，特别适合有铺装的园林植物的施肥。

4.爆破施肥

爆破施肥就是利用爆破时产生的冲击力将肥料冲散在爆破产生的土壤缝隙中，扩大根系与肥料的接触面积。这种施肥法适用于土层比较坚硬的土壤，优点是施肥的同时还可以疏松土壤，目前在果树的栽培中偶有使用，但在园林绿化工程中应用须谨慎，事前须经公安机关批准，且在离建筑物近、有店铺及人流较多的公共场所不应使用。

（二）根外施肥

目前，常用的根外施肥方法有叶面施肥和枝干施肥两种。

1.叶面施肥

叶面施肥是指将按一定浓度配制好的肥料溶液，用喷雾机械直接喷洒到植物的叶面上，使肥料被叶面气孔和角质层吸收，再转移运输到植物的各个器官。叶面施肥具有简单易行、用肥量小、吸收见效快，可满足植物需求等优点，在园林绿化工程中应用较为广泛。同时，该方法也特别适用于微量元素的施肥以及对树体高大、根系吸收能力衰竭的古树、大树的施肥；对于解决园林植物的单一营养元素的缺素症，也是一种行之有效的方法。但是，需要注意的是，叶面施肥并不能完全代替土壤施肥，二者结合使用效果会更好。

叶面喷肥的营养主要是通过叶片上的气孔和角质层进入叶片，而后运送到树体内的各个器官。肥料一般在喷后 15 min 到 2 h 即可被树木叶片吸收利用，但吸收的强度和速度则与环境条件、叶龄、肥料成分、溶液浓度有关。在湿度较高、光照较强和温度适宜（18~25℃）的情况下，叶片吸收得多，因而白天的吸收量多于夜晚。幼叶生理机能旺盛，气孔所占面积较老叶大，因此比老叶吸收快。叶背较叶面气孔多，且叶背表皮下拥有较松散的海绵组织，细胞间隙大而多，有利于吸收，因此，一般叶背比叶面吸收快，吸收率也高。在实际喷布时，一定要将叶面、叶背喷匀，以利于树木吸收。同一元素的不同化合物，进入叶内的速度也不同。例如，硝态氮在喷后 15 min 可进入叶内，而铵态氮则需 2 h；硝酸钾经 1 h 进入叶内，而氯化钾只需 30 min。溶液的酸碱度也影响渗入速度，碱性溶液中的钾渗入速度较酸性溶液中的钾渗入速度快。此外，气温、湿度、风速和植物体内的含水状况也影响叶面喷肥的效果。

2.枝干施肥

枝干施肥就是通过植物枝、茎的韧皮部吸收肥料营养，它吸肥的机理和效果与叶面施肥基本相似。枝干施肥有枝下涂抹、枝干注射等方法。

枝下涂抹就是先将植物枝干刻伤，然后在刻伤处加上含有营养元素的团体药棉，供枝干慢慢吸收。

枝干注射是将肥料溶解在水中制成营养液，然后用专门的注射器注入枝干。目前，已有专用的枝干注射器，但应用较多的是输液方式。此法的好处是受环境影响较小，节省肥料，在植物体急需补充某种元素时效果较好。枝干注射法目前主要用于衰老的古树、大树、珍稀树种、树桩盆景以及大树移栽时的营养供给。

第四节 园林植物的病害管理

一、园林植物病害的基本概念

由于所处的环境不适或受到生物的侵袭，园林植物正常的生理机能受到干扰，细胞、组织、器官遭到破坏，甚至引起植株死亡，这种现象称为园林植物病害。

病原可分为生物性病原和非生物性病原两大类。生物性病原包括真菌、细菌、病毒、支原体、寄生性种子植物、藻类以及线虫和蜗类等。其中，引起病害的真菌和细菌统称为病原菌。凡是由生物性病原引起的病害都具有传染性，因此又称为传染性病害或侵染性病害，受侵染的植物称为寄主。非生物性病原包括各种环境胁迫因素，如温度过高或过低、水分过多或过少、湿度过大或过小、营养缺乏或过剩、光照不足或过强以及污染物的毒害等。非生物性病原引起的病害不具备传染性，故又称非侵染性病害，也叫生理病害。

二、园林植物病害症状及诊断

园林植物受侵染后，先出现生理和代谢的紊乱，然后外部形态发生变化，其外表所显示出来的各种各样的病态特征称为症状。症状包括病状和病症两方面。病状是植物本身所表现的病态模样，是受害植株生理解剖上的病变反映到外部形态上的结果。病症是病原物在寄主体表显现的特征。病状和病症各包括多种类型。

（一）病状类型

1.变色型
植物染病后，叶绿素不能正常形成，因而叶片呈现淡绿色、黄色甚至白色。缺氮、缺铁或光照不足常引起植物黄化。在侵染性病害中，黄化是病毒病害和支原体病害的常见特征。

2.坏死型
坏死是细胞或组织死亡的现象，常见的有腐烂、溃疡、斑点等。生物侵染、自然灾害和机械损伤等可导致坏死型病状出现。

3.萎蔫型
植物因病出现失水状态称为萎蔫。由病原菌的侵染引起的输导组织损伤或干旱胁迫都可导致植物萎蔫。

4.畸形
畸形是因细胞或组织过度生长或发育不足而引起的病状，常见的有丛生、变形等。畸形多由生物性病原引起。

5.流脂或流胶型

植物细胞分解为树脂或树胶流出，俗称流脂病或流胶病。流脂病多发于针叶树，流胶病多发于阔叶树。流脂病和流胶病的病原较为复杂，可以是生物性病原，也可以是非生物性病原，或两者兼而有之。

（二）病症类型

1.霉状物

病原真菌在植物体表产生的各种颜色的霉层，如青霉、灰霉、黑霉、霜霉和烟霉等。

2.粉状物

由病原真菌引起，在植物表面形成各种颜色的粉状物，如白粉等。

3.锈状物

病原真菌在植物体表所产生的黄褐色锈状物。

4.点状物

病原真菌在植物体表产生的黑色、褐色小点，这些小点多为真菌的繁殖体。

（三）病害诊断

一般情况下，一种植物在相同的外界条件下，受到某种病原物侵染后，所表现出来的症状是大致相同的。对于已知的比较常见的病害，其症状也是比较明显的，专业人员较易作出判断。因此，病状是病害的标记，是诊断病害的主要根据之一。但由于不同的病原物可以引起相似的症状，相同的病原物在不同的植物、同一植物不同发育期或不同的环境条件下，也可表现出不同的症状，因此，遇到不能准确判断的非典型病害时，常常需要借助显微镜观察病原物，鉴定病原菌的种类。

有时为了帮助判断，甚至要采用人工诱发病害的办法。非侵染性病害的症状常常表现为变色、萎蔫、不正常脱落（落叶、落花、落果）等，有的与侵染性病害的症状相似，必须深入现场观察。

非侵染性病害往往是大面积同时发生，病株或病叶表现症状的部位有一定的规律性。对于因缺乏营养而引起的病害，可通过化学方法进行营养诊断，找出缺少的元素，这样可准确判断致病原因。

（四）病程及侵染循环

病原物侵染园林植物使其发病的整个过程叫作病程，可分为接触期、入侵期、潜育期和发病期四个阶段。

一个病程接一个病程地连续发病的过程叫作侵染循环。一个病程结束后，如果病菌没有被及时消灭，而是保存在侵染源里，并且环境条件又适合其传播，这时就会进入下一个病程。侵染源是指保存和散发病原物的中心场所，病植株、土壤、种子和苗木、肥料等都可成为侵染源。

三、园林植物病害防治的原理

病害防治就是要通过各种措施破坏病程和侵染循环，使其不能顺利进行。抓住其中的薄弱环节可取得事半功倍的效果。例如，引起立枯病的病原菌生活在土壤中，可以通过土壤消毒的方式，杀死病原菌，消灭侵染源，防止立枯病的发生。侵染性病害的发生和发展取决于寄主的抗病力、病原物的侵染力和环境条件。

防治病害要从三个方面入手：第一，增强寄主的抗病力或保护寄主不受侵染；第二，消灭或控制病原物；第三，创造有利于寄主生存、不利于病原物生存的环境条件。

参 考 文 献

[1] 白雪.加强园林绿化工程施工过程质量控制措施研究[J].居业，2023（8）：56-58.

[2] 陈洛安.厦门市翔安区园林绿化工程施工中乔木栽植及养护管理要点[J].南方农业，2023，17（18）：31-33.

[3] 陈坍囡.园林绿化工程项目建设进度管理研究：以花溪公园为例[D].南昌：华东交通大学，2023.

[4] 程宇.新形势下城市园林绿化工程技术与应用[J].大众标准化，2023（8）：47-49.

[5] 东莞市城市管理和综合执法局关于明确东莞市园林绿化工程招投标有关问题的通知[N].东莞日报，2023-07-12（A08）.

[6] 董孟斌，房苗苗，刘迎.现代园林绿化工程施工管理的挑战与应对策略[J].中华建设，2024（2）：56-58.

[7] 段玲.园林绿化工程中的成本控制[J].林业科技情报，2022，54（4）：154-156.

[8] 房丹凤，席嘉宾.园林绿化工程投资估算指标体系探讨[J].中国市场，2022（32）：109-112.

[9] 高永艳.园林绿化工程后期养护技术应用[J].种子科技，2022，40（21）：88-90.

[10] 胡显义.成本核算在园林绿化工程企业的应用研究[J].中国集体经济，2024（4）：89-92.

[11] 黄扬.园林绿化工程采购成本与风险控制研究[J].现代营销（上），2023（7）：103-105.

[12] 江建鹏.园林绿化工程植物种植管控要点分析[J].居业，2023（12）：41-

43.

[13] 江育.浅析市政园林绿化工程实施效率提升策略[J].中国住宅设施,2023（7）：124-126.

[14] 姜琰.园林绿化工程后期养护管理工作研究[J].房地产世界,2022（20）：155-157.

[15] 康建美.园林绿化工程建设中存在的常见问题及对策[J].现代园艺,2023,46（17）：199-202.

[16] 康淑玲.浅谈园林绿化工程存在的问题及解决对策[J].低碳世界,2022,12（10）：100-102.

[17] 林宏达.加强园林绿化工程质量监管 以海沧湖东岸绿道工程为例[J].中国建筑金属结构,2022（11）：82-84.

[18] 林静瑜.浅谈城市市政园林绿化工程项目管理[J].居业,2022（11）：193-195.

[19] 刘琛.提升城市园林绿化工程管理质量的路径探究[J].城市建设理论研究（电子版）,2023（20）：51-53.

[20] 刘芳艳.节约型园林绿化工程的建设与养护探讨[J].科技资讯,2023,21（13）：101-104.

[21] 刘欣妍.城市园林绿化工程管理质量提升路径探究[J].城市建设理论研究（电子版）,2023（28）：54-56.

[22] 刘长春,黎宝宁,房丹凤.广州市园林绿化工程估算指标体系研究[J].居舍,2023（30）：106-109,113.

[23] 路宇.园林绿化工程反季节种植存活率讨论[J].居舍,2023（19）：120-123.

[24] 罗军.园林绿化工程苗木成活率的影响因素及解决措施[J].花木盆景,2023（7）：110-111.

[25] 吕庆龙.市政园林绿化工程施工技术的应用探析[J].大众标准化,2023（15）：146-148.

[26] 潘长洪.城市园林绿化工程施工与管理问题及对策[J].工程建设与设计,

2023（11）：249-251.

[27] 乔梁.园林绿化工程养护期提高苗木成活率的策略分析[J].居舍，2023（10）：136-139.

[28] 孙淼.园林绿化工程成本控制及资金结构优化探讨[J].中国产经，2023（8）：53-55.

[29] 佟子君.园林绿化工程施工与养护管理措施[J].现代农业研究，2023，29（4）：80-82.

[30] 王丽丽，吴明远.城市园林绿化工程施工与管理的探究[J].新农业，2022（20）：35-36.

[31] 土诗文，李小勇，秦建民，等.公园园林绿化工程施工全过程管理的有效措施[J].工程建设与设计，2023（22）：231-233.

[32] 王玉.基于"可持续发展"理念的园林绿化工程后期的养护管理工作研究[J].城市建设理论研究（电子版），2023（12）：170-172.

[33] 武晨辉.亳州城建集团园林绿化工程管理研究[D].合肥：合肥工业大学，2022.

[34] 武敏.探析园林绿化工程预结算审核要点[J].城市建筑空间，2022，29（A2）：23-25.

[35] 徐光喜.探讨园林绿化工程土方地形施工技术[J].中华建设，2023（2）：122-124.

[36] 徐亚青.园林绿化工程后期养护管理要点[J].农业科技与信息，2023（8）：140-144.

[37] 许志莉.园林绿化工程后期的养护管理工作研究[J].石河子科技，2023（3）：3-4，9.

[38] 严铭.浅谈园林绿化工程资料在工程管理中的重要性[J].四川建材，2023，49（1）：205-206.

[39] 杨乾.西宁市园林绿化工程中苗木种植的监理控制要点[J].居舍，2023（23）：130-132，156.

[40] 尹书霞.园林绿化工程中的成本控制分析[J].新农业，2023（17）：44-45.

[41] 于秋雯.探究如何应用 BIM 技术提升园林绿化工程的整体质量[J].城市
建设理论研究（电子版），2023（8）：161-163.

[42] 张杰.园林绿化工程建设管理及养护思考[J].中国建筑装饰装修，2023，
（5）：145-147.

[43] 张琳，杨亮.济南市园林绿化工程施工管理中存在的问题及其对策[J].南
方农业，2023，17（2）：53-55.

[44] 张璐.园林绿化工程档案集成管理实施策略[J].黑龙江档案，2023（1）：
155-157.

[45] 张祥青.园林绿化养护管理在城市园林建设中地位的探析[J].城市建设
理论研究（电子版），2022（29）：166-168.

[46] 张晓波.园林绿化工程中园林植物栽植施工原则及技术要点[J].四川建
材，2022，48（10）：40-41，43.

[47] 张燕琴.园林绿化工程施工质量影响因素及管理对策研究：以江苏园博园
景观绿化工程为例[D].南京：南京林业大学，2023.

[48] 张玉春.园林绿化工程的生态效益提升策略探究[J].城市建设理论研究
（电子版），2023（5）：167-169.

[49] 赵清.园林绿化工程施工质量控制：江北新区江北大道及中心区重点区域
环境整治工程（浦口大道绿化工程）[J].大众标准化，2023（18）：25-27.

[50] 赵钰璇.园林绿化工程 PPP 项目税务风险识别及其应对措施研究[J].金
融文坛，2023（5）：75-77.

[51] 周誉君.园林绿化工程施工管理与养护技术研究[J].房地产世界，2023
（3）：163-165.

[52] 朱军.园林绿化工程施工现场管理与绿化树木花卉管理[J].中国林业产
业，2023（3）：88-89.

[53] 朱效连.园林绿化工程施工项目成本控制研究[J].中国管理信息化，
2022，25（20）：64-66.

[54] 朱妍.园林绿化工程施工阶段的质量管理与安全管理[J].中国建筑装饰
装修，2022（16）：126-128.